DeepSeek极速上手

高效做事不内耗

郭泽德 宋义平 朱晔 著

人民邮电出版社
北京

图书在版编目（CIP）数据

DeepSeek 极速上手 ： 高效做事不内耗 / 郭泽德， 宋义平， 朱晔著. -- 北京 ： 人民邮电出版社， 2025.

ISBN 978-7-115-66663-5

Ⅰ. TP18

中国国家版本馆 CIP 数据核字第 2025J341L2 号

内 容 提 要

本书本着“不止授人以鱼，更要授人以渔”的写作宗旨，系统性地讲解了大语言模型 DeepSeek 在人们工作、生活中的革命性应用，从技术原理到案例实践，为读者提供了全栈式的 DeepSeek 应用指南。

全书共 6 章，分别聚焦于 DeepSeek 应用的不同主题，从理论基础到实际操作，再到行业应用，为读者构建了一个完整的知识体系。第 1~2 章从技术演进的角度，深入浅出地介绍 DeepSeek 如何重构人机交互范式，并全面、细致地讲解了 DeepSeek 的基础操作，为读者快速上手 DeepSeek 打下基础。第 3 章重点介绍了具有独创性的六定模型，这是基于提示工程提出的 DeepSeek 提示词方法论，能帮助读者系统地掌握从简单到复杂的 AI 交互技巧。第 4 章介绍了与 DeepSeek 的深度交互方法，这是基于推理机制、用户意图理解机制、情感交互机制、记忆机制、幻觉机制等 DeepSeek“思维本质”的交互方法，能帮助读者进一步提升与 DeepSeek 对话的能力。第 5 章介绍了 DeepSeek 与其他 AI 工具的融合应用，包括生成图像、视频、音乐、流程图、PPT，以及信息处理、搭建智能体、管理知识库和信息检索等。第 6 章主要面向十大应用领域提供应用模板与范例。

本书可作为对 DeepSeek 感兴趣的新手用户的快速入门教程，也可作为进阶用户提升效率与挖掘潜力的速查手册，还可作为各行业人士寻找 DeepSeek 应用灵感与提升效能的参考书。

◆ 著　　　　郭泽德　宋义平　朱　晔
责任编辑　牟桂玲
责任印制　焦志炜
◆ 人民邮电出版社出版发行　　　北京市丰台区成寿寺路 11 号
邮编　100164　　电子邮件　315@ptpress.com.cn
网址　https://www.ptpress.com.cn
北京瑞禾彩色印刷有限公司印刷
◆ 开本：720×960　1/16
印张：11.5　　　　2025 年 3 月第 1 版
字数：179 千字　　　2025 年 5 月北京第 6 次印刷

定价：59.80 元

读者服务热线：(010) 81055410　印装质量热线：(010) 81055316
反盗版热线：(010) 81055315

DeepSeek

序言

各位朋友，大家好！我是学术志创始人学君（郭泽德）。自2014年创业至今，不知不觉已走过十年创业征程。

2022年下半年，我偶然接触到ChatGPT，经过深入测试与研究后，我做出了一个对团队至关重要的判断：AI是不可逆的发展趋势，它将彻底改变全行业格局，我们必须全面转型拥抱AI。

2023年，我带领团队全面开启AI转型。尽管初期面临很多意想不到的挑战，但业务增长和用户反馈坚定了我们的信心。迄今为止，我们已成功举办数百场线上线下的AI主题课程，为数万人普及了AI思维与应用方法。

在讲授和使用AI的过程中，我逐渐认识到AI绝非工具层面的创新，其底层逻辑和思维模式更值得重视。受AI涌现特性启发，我于2024年创立了AI富缘俱乐部，致力于探索和打造一种涌现型组织，将AI的底层逻辑真正应用于实践。这一创新组织以一人公司形式运作，第一年即实现超过1000万元的业绩，有力验证了这种新型组织形式的价值。

最近两年AI领域风起云涌，其发展蔚为壮观。我们始终对各类AI产品保持敏锐洞察。

2025年1月，DeepSeek-R1刚一上线，我们团队立即跟进展开测评。尽管当时初步感受到它带来的创新价值，却未能预见它将引发如此巨大的反响，甚至重新定义了AI的边界。

在2025年春节前的一场汇集百余位行业专家的线下大会上，我曾明确表示：

“目前应用 AI 的方法论必将迭代，因为大模型能力的指数级提升，现有方法论必将被取代。”当时的我已隐约预见技术变革浪潮即将来临，却尚未完全理解其潜在的深远影响。

会议结束后，春节随即到来，但我们团队完全没有休息，一直在密切关注 DeepSeek 的发展。学术志和 AI 富缘俱乐部两个团队迅速展开研究，组织跟进直播，分享最新发现与应用心得。

直播数据令人震撼：“学术志”视频号连续 10 天日均观看量超 10 万人次，“小蔡博士 AI 工具箱”视频号单日观看量达 50 万人次，多条短视频突破百万播放量。这些数字背后，是无数人对新技术的渴望与好奇。

经过初期的探索性观察，人们对 DeepSeek 的理解日益深入，许多用户已将其转化为实际生产力，悄然改变着工作方式和行业格局。

理解 DeepSeek 这一创新型 AI 产品有两个核心维度：工具本身的内在特征与运行机制，以及它的实际应用场景。这两个维度如同树根与花朵的关系，根系决定了花朵的生长质量和形态，是更为根本的存在。深入研究 DeepSeek 的来源、特点和机制，是理解和应用这一工具的基础。因此，本书不仅是一本技术指南，更是一次思维方式和探究本质的升级迭代之旅。本书将带领读者从多个维度深入理解和掌握 DeepSeek 这一强大工具。

我们的旅程从第 1 章开始，探索 DeepSeek 的诞生背景和它如何重构了大模型交互体验。在这个具有蝴蝶效应的故事中，我们将看到一个新兴 AI 工具如何在争议与创新中崭露头角。

第 2 章将带领读者熟悉 DeepSeek 的基础操作，无论是网页版还是 App 版，都能让你快速上手。

第 3 章则深入探讨了提示词设计的艺术，提出了独创的六定模型，让读者无论是应对简单问题，还是应对复杂问题，都能得心应手。

在第 4 章中，我们将揭开 DeepSeek 深度交互的神秘面纱，包括从推理机制到情感交互，从用户意图理解机制到记忆机制，甚至包括 AI 幻觉产生的原理，让你真正理解这个 AI 伙伴的“思维”方式。

第 5 章展示了 DeepSeek 的强大联动能力，包括如何与图像、视频、音乐生成工具协同工作，如何联动生成流程图和 PPT，如何与飞书多维表格结合批量处理信息，如何搭建智能体、管理知识库和进行信息检索等。

第 6 章将带领读者探索 DeepSeek 在十大领域的实际应用，从文学创作到学术研究，从职场办公到教育教学，从商业服务到人力资源，从职业发展到自媒体运营，从理财规划到心理情感，全方位展示这一工具如何改变我们的工作和生活。

无论你是 AI 技术的初学者，还是经验丰富的专业人士；无论你是职场人士、创作者、教育工作者，还是商业决策者，只要你对利用 AI 技术提升自我、减少内耗、实现高效工作感兴趣，这本书都将为你提供实用的指导和启发。

在写作过程中，我深刻体会到技术与人文的融合之美。DeepSeek 不仅是一个技术产品，更是一个思想伙伴，它能够理解我们的需求，协助我们思考，甚至激发我们的创造力。

最后，感谢所有在这一探索旅程中给予支持的伙伴、同事、学生和读者。正是你们的反馈和鼓励，让我有信心将这些经验和见解整理成书，与大家分享。

让我们一起，与未来对话，让工作更高效，让思维更清晰，让创造力更丰富。

学君

2025 年 2 月 28 日

DeepSeek

目录

第3章 DeepSeek提示词撰写

第4章 DeepSeek深度交互方法

第6章　DeepSeek的多场景应用

DeepSeek

第 1 章

人工智能新纪元：DeepSeek 的诞生

2025 年，科技浪潮涌起，一只来自东方的“蝴蝶”DeepSeek，扇动翅膀在全球 AI 领域激起千层浪。它的崛起堪称传奇，DeepSeek-R1 模型发布仅一周即新增 1 亿用户，远超 ChatGPT 等产品的早期增速。它的推理大模型，将“提问—回答”二阶交互模式升级为“提问—拆解—回答”三阶交互模式，树状推理技术赋予其强大解题能力。DeepSeek 正在开启一场人工智能变革的大幕。

1.1 一只“蝴蝶”引发人工智能变革

2025 年 1 月 27 日，纽约证券交易所的电子屏上，刺目的红色数字格外醒目——英伟达股价在这一天骤跌近 17%，单日市值蒸发高达 5890 亿美元，创下美股历史上最大的单日市值“蒸发”纪录。美国媒体分析认为，引起这场金融风暴的重要因素，竟是一款 1 月 20 日才发布的中国人工智能产品——DeepSeek。

一时间，全世界有了一个共同的疑问：仿佛从天而降的 DeepSeek 为何能在美国股市掀起滔天巨浪？

我们不妨来看看 DeepSeek 令人惊叹的用户增长数据：根据 QuestMobile 的统计数据，2025 年 1 月 20 日 DeepSeek-R1 模型发布，DeepSeek 在 1 月的累计用户数便达到了 1.25 亿，其中 80% 以上的用户增长发生在 1 月的最后一周，短短 7 天内就实现了 1 亿用户的增长。

这个数据如何？与其他产品数据做一个简单对比：ChatGPT 创造 1 亿用户增长纪录用了 2 个月时间，在此之前，TikTok 达成这一成绩耗时 9 个月，拼多多花了 10 个月，而微信更是用了 1 年 2 个月。

更值得关注的是，DeepSeek 不仅在用户增长上一骑绝尘，还制定了极具影响力的“开源低价”策略：开放多个百亿级参数模型，API 定价极低。这一举措吸引了众多行业巨头来合作，国外的微软、英伟达，国内的华为、百度等企业都纷纷宣布接入 DeepSeek，这无疑是对其技术实力与发展前景的认可。

如今，一场由 DeepSeek 引发的人工智能变革的序幕正在拉开。

1.2 DeepSeek 到底来自何方神圣

DeepSeek 是杭州深度求索人工智能基础技术研究有限公司（以下简称深度求索）推出的人工智能产品。深度求索成立于 2023 年 7 月，坐落于中国杭州，作为“杭州六小龙”之一，这家年轻的公司从诞生之初便展现出非凡的野心与远见。成立伊始，深度求索就将战略目光精准锁定在通用人工智能（AGI）这一充满挑战与机遇的前沿领域，并持续在这一领域深耕。

DeepSeek 是深度求索推出的核心人工智能产品。截至目前，深度求索发布了多款产品，其中最具代表性的产品是：2024 年 5 月推出的 DeepSeek-V2；同年 12 月推出的 DeepSeek-V3；2025 年 1 月推出的 DeepSeek-R1，如图 1-1 所示。DeepSeek-R1 凭借着技术创新和产品体验，一经发布便受到全球瞩目，成为深度求索的标志性产品。

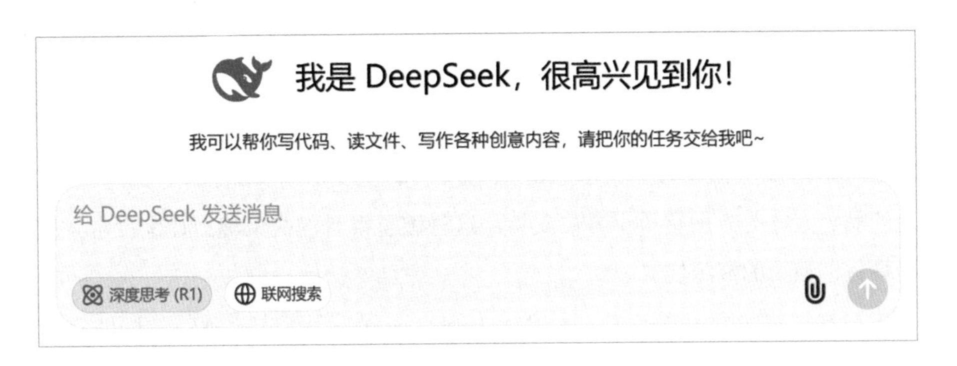

图 1-1　深度求索推出 DeepSeek-R1

众所周知，开发人工智能产品需要巨额资金投入，一般创业公司根本不具备这样的实力。那么，深度求索是如何应对？又是如何崛起的呢？

追溯 DeepSeek 的崛起之路，需要从创始人梁文锋说起。1985 年，梁文锋出生在广东省湛江市，17 岁考入浙江大学，攻读电子信息工程专业。本科毕业后，他继续深造，在浙江大学攻读硕士研究生，研究方向聚焦于机器视觉。一直以来，梁文锋都十分关注技术的社会应用。2008 年，全球经济危机（又称次贷危机）爆发期间，梁文锋敏锐地察觉到了机器学习在量化交易中的巨大潜力，开始带领团队使用机器学习等技术探索全自动量化交易，取得了令人瞩目的成绩。

这次成功实践，不仅让梁文锋在量化投资领域崭露头角，更让他深刻体会到了技术创新在金融领域的重要性。2015 年，梁文锋创立了杭州幻方科技有限公司，致力于通过数学和人工智能进行量化投资，由此这家公司被简称为“幻方量化”。在梁文锋的带领下，幻方量化一路高歌猛进，迅速成长为国内乃至国际知名的量化投资公司。到 2021 年，其管理的私募基金规模达到了千亿元级别。

量化投资作为金融领域与前沿科技深度融合的重要分支，对算力要求非常高。为了进一步提升公司的技术实力，幻方量化投资 2 亿元，自主研发了“萤火一号”AI 超算。这一超算的研发与应用，不仅让幻方量化在投资策略上算得更快更准，还为 DeepSeek 的诞生做了重要铺垫。

2023 年，梁文锋做出了一个足以改变他职业生涯轨迹的决定——转型 AGI，并创立了深度求索。梁文锋骨子里是一个纯粹的技术理想主义者，对技术有着极致的热爱，所以这个决定绝非一时冲动或盲目跟风，而是源于他对技术发展趋势的深刻洞察以及对科技改变世界的坚定信念。

这时，幻方量化成为深度求索诞生与发展的坚实后盾，梁文锋也在资金、技术、产品、人才等方面给予全方位支持。这种破釜沉舟的决策魄力让深度求索刚诞生就具备了独特的资源优势。

在幻方量化的全力支持下，深度求索踏上征程。深度求索独特的团队运作模式，成为推动其不断前进的强大引擎。深度求索团队的独特之处，集中体现在成员构成与管理模式两个方面。

从成员构成来看，团队成员普遍来自清华大学、北京大学等国内顶尖高校，以应届博士和硕士毕业生、在读生及毕业 2~3 年的年轻人才为主体，年龄在 25~35 岁，工作经验多集中在 1~5 年，呈现出显著的“名校背景”+“年轻高潜”特征。团队规模控制在 140 人左右，工程师与研发人员占比超过 90%，形成高密度人才结构，多名成员曾获国际竞赛奖项，并在自然语言处理等领域发表顶级论文。

在管理模式上，团队采用完全扁平化的自组织模式。如实行去 KPI 化考核，创始人梁文锋明确表示“没有传统 KPI 和任务指标”，考核标准聚焦于技术突破而非量化产出，员工可自由选择研究方向，资源分配基于技术潜力而非短期效益。

这种独特的团队构成和管理哲学，让深度求索团队始终洋溢着创新的活力，为不断实现突破提供了坚实有力的保障。不过，在竞争激烈的市场环境中，仅有保障和优秀团队还远远不够，要想站稳脚跟，甚至撼动行业格局，必须练就过硬本领。DeepSeek 在技术创新方面成果显著，研发出 DeepSeek MoE 架构、多头潜在注意力等前沿技术，这些技术大幅提升了 DeepSeek 的性能，增强了市场竞争力。以 DeepSeek-V3 为例，依托核心技术，它仅投入 557.6 万美元训练成本，就大大缩小了与 GPT-4 的差距，成本仅为行业平均成本的 1/20。其成功的关键在于算法优化，而非盲目堆砌算力，如采用动态路由算法，有效减少了专家模型间的通信开销，让资源利用更高效。

1.3 DeepSeek 重构大模型交互体验

人工智能可从不同的维度进行划分。丁磊在《生成式人工智能：AIGC 的逻辑与应用》一书中，以模型的功能目标和输出形式为维度，将人工智能划分为决策式人工智能和生成式人工智能。

决策式人工智能主要根据特定条件进行判定，人脸识别便是极为典型的例子。它的工作原理是通过实时获取人脸图像，提取特征信息，再与人脸库中的特征数据匹配，从而实现人脸识别。这种人工智能为生活带来诸多便利，却也受限于既定规则下的判断，缺乏创新生成能力。

当人们还在翘首以盼决策式人工智能取得新突破时，生成式人工智能悄然崭露头角。2017 年，谷歌发表了一篇极具影响力的论文《注意力是你所需要的全部》（*Attention Is All You Need*），创新性地提出了 Transformer 技术模型，并首次将该技术模型用在自然语言处理领域。这一突破性成果，瞬间点燃了全球科研团队的探索热情，众多团队纷纷投身其中，OpenAI 便是其中一员。

OpenAI 的研究进展很快，2018 年就推出了基于 Transformer 技术的 GPT-1 模型，但是因为性能有限，GPT-1 的影响力只局限在技术圈。直到 2022 年，OpenAI 在 GPT-3 模型基础上，重磅推出了 ChatGPT。ChatGPT 一经推出便迅速风靡全球，短短两个月的时间活跃用户数破亿。因为 ChatGPT 能够快速且合理地回答各种问题，极大地改变了人机交互的方式，让大众真切地感受到了人工智能的魅力。ChatGPT 的出现是人工智能发展中的重要里程碑。如今，像 ChatGPT 这类的人工智能被称为生成式人工智能，国内豆包、通义千问等大模型都属于这类生成式人工智能。

就在 OpenAI 一路高歌猛进之时，DeepSeek 横空出世，为人工智能领域带来了全新的变革。和 ChatGPT 类大模型相比，DeepSeek 独具特色，代表着一种新的人工智能类型：推理大模型。

抛开技术层面的差异，从用户体验的角度看，DeepSeek 和 ChatGPT 类大模型最显著的差异，在于 DeepSeek 增加了对用户提问的拆解环节，将原来的“提问—回答”二阶交互模式（见图 1-2），进化为“提问—拆解—回答” 三阶交互模式（见图 1-3），增加了一个独特的、显性化的“认知中间层”。DeepSeek 将拆解过程可视化，使用户能清晰地看到大模型对问题的分析与推理步骤，不仅能得到答案，还能知晓推导过程，极大增强了用户的获得感。

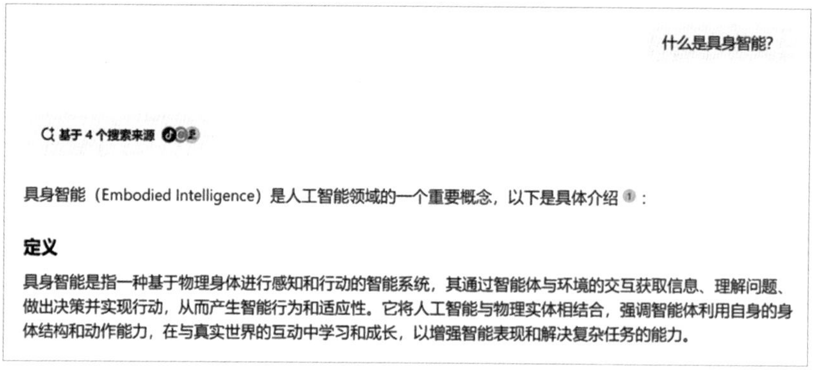

什么是具身智能?

基于 4 个搜索来源

具身智能（Embodied Intelligence）是人工智能领域的一个重要概念，以下是具体介绍 1：

定义

具身智能是指一种基于物理身体进行感知和行动的智能系统，其通过智能体与环境的交互获取信息、理解问题、做出决策并实现行动，从而产生智能行为和适应性。它将人工智能与物理实体相结合，强调智能体利用自身的身体结构和动作能力，在与真实世界的互动中学习和成长，以增强智能表现和解决复杂任务的能力。

图 1-2 “提问—回答” 二阶交互模式

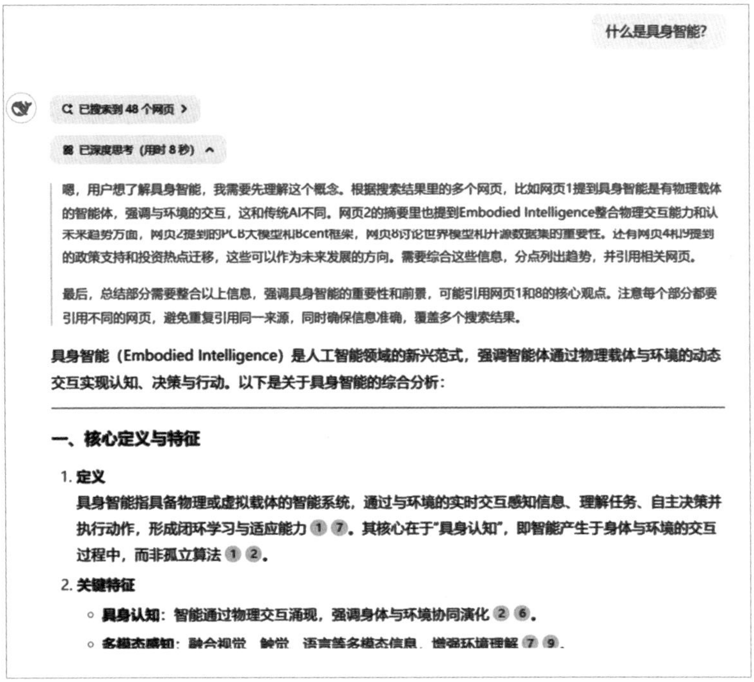

什么是具身智能?

已搜索到 48 个网页 >

已深度思考（用时 8 秒）^

嗯，用户想了解具身智能，我需要先理解这个概念。根据搜索结果里的多个网页，比如网页1提到具身智能是有物理载体的智能体，强调与环境的交互，这和传统AI不同。网页2的摘要里也提到Embodied Intelligence整合物理交互能力和认未来趋势方面，网页2提到的PCB大模型和Bcent框架，网页8讨论世界模型和开源数据集的重要性。还有网页4和9提到的政策支持和投资热点迁移，这些可以作为未来发展的方向。需要综合这些信息，分点列出趋势，并引用相关网页。

最后，总结部分需要整合以上信息，强调具身智能的重要性和前景，可能引用网页1和8的核心观点。注意每个部分都要引用不同的网页，避免重复引用同一来源，同时确保信息准确，覆盖多个搜索结果。

具身智能（Embodied Intelligence）是人工智能领域的新兴范式，强调智能体通过物理载体与环境的动态交互实现认知、决策与行动。以下是关于具身智能的综合分析：

一、核心定义与特征

1. **定义**
   具身智能指具备物理或虚拟载体的智能系统，通过与环境的实时交互感知信息、理解任务、自主决策并执行动作，形成闭环学习与适应能力 1 7。其核心在于“具身认知”，即智能产生于身体与环境的交互过程中，而非孤立算法 1 2。
2. **关键特征**
   - **具身认知**：智能通过物理交互涌现，强调身体与环境协同演化 2 6。
   - **多模态感知**：融合视觉、触觉、语言等多模态信息，增强环境理解 7 9。

图 1-3　“提问—拆解—回答”三阶交互模式

这种推理过程的可视化，并非仅仅是产品体验上的升级，更是源于底层技术的创新突破。推理能力是大模型的核心能力，在这一关键技术上，ChatGPT 类大模型主要采用的是链式推理（Chain-of-Thought），而 DeepSeek 主要运用的是树状推理（Tree-of-Thought）。为了更好地理解这两种技术路线的区别，我们用比喻的方式来解释说明。

ChatGPT 类大模型所使用的链式推理，就像沿着直线走路，把复杂的任务拆解成一个个依次相连的中间步骤。在解决问题时，它会按照固定的顺序，从一个步骤推导到下一个步骤，如同顺着链条一环扣一环地前进。然而，这种线性的推理方式存在一定风险。例如在数学证明题中，若证明过程中的某一推导步骤出现计算错误或逻辑偏差，由于后续步骤是基于这一错误步骤推导的，这就会像多米诺骨牌一样，最终会使整个推理结果谬以千里。

DeepSeek 大模型应用的树状推理构建了一个类似大树的思考结构。面对复杂问题，它不再局限于线性思路，而是像大树向不同方向伸展枝丫一样，同时探索多个推理路径。这意味着树状推理能够并行地考虑多种解决方案和中间步骤。每一个分支都代表一种可能的思考方向，模型会对不同分支进行评估，分析每个分支得出的结果是否合理，然后筛选出最有希望的分支继续深入探索，就像园丁修剪树枝，保留最茁壮的部分。最终，通过对不同分支的综合评估和筛选，找到最合理的答案。

两种技术路线的核心区别如图 1–4 所示。

图 1–4　链式推理和树状推理的核心区别

这种底层技术的创新，使得 DeepSeek 在处理复杂问题时展现出了更强的理解能力和准确性。它不仅提升了用户获取答案的确定性和满意度，也为人工智能在更广泛领域的深度应用奠定了坚实基础，预示着未来人工智能交互体验将迈向新的高度。

尽管 DeepSeek 大模型与 ChatGPT 类大模型同属生成式人工智能范畴，但二者在推理技术和产品体验上存在显著差异，依据这些差异进行分类，有助于我们更清晰地理解它们。我们可以把 ChatGPT 类大模型称作链式推理大模型，而 DeepSeek 则是树状推理大模型。这样，就可以建构一个基本的人工智能分类图谱，如图 1–5 所示。

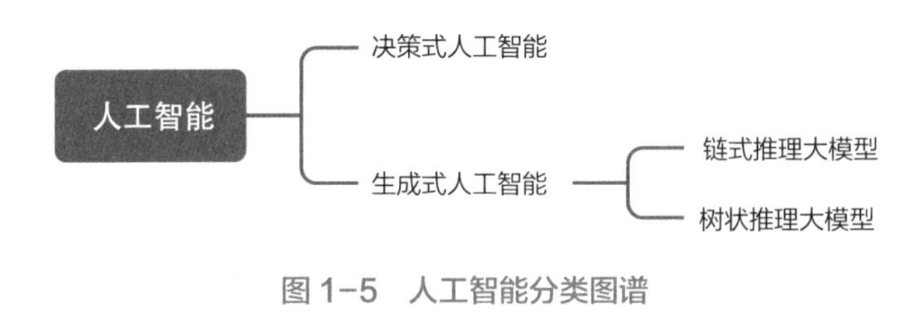

图 1–5　人工智能分类图谱

DeepSeek 的横空出世，是人工智能发展历程中的关键转折点。它以远超同行的增长速度、独特的技术架构和创新的交互模式，在全球人工智能版图上强势崛起。未来，DeepSeek 在持续的技术突破、产业布局与国际拓展中，有望引领人工智能浪潮，推动全球科技变革，在重塑行业规则与造福人类生活等方面，书写属于自己的辉煌篇章。

本章小结

DeepSeek

第 2 章

DeepSeek 的基础操作

DeepSeek 作为一款备受瞩目的大语言模型，为用户提供了多元化的使用方式，包括网页版和 App 版，同时，它还支持众多平台通过 API 接入其强大的功能。接下来，我们将深入剖析 DeepSeek 这 3 种使用方式的操作细节与核心特色。

2.1 DeepSeek 网页版界面与核心功能

在人工智能技术飞速发展的当下，DeepSeek 作为该领域的重要参与者，凭借独特的设计与卓越的功能，为用户提供了别具一格的智能交互体验。本节主要介绍 DeepSeek 网页版的界面布局与核心功能，全方位展现其在自然语言处理领域的优势与创新之处。

2.1.1 DeepSeek 网页版的界面布局

DeepSeek 官网地址为 https://www.deepseek.com，其主界面为蓝色调，整体非常简洁，如图 2-1 所示。

图 2-1 DeepSeek 主界面

主界面的左上角区域放置的是 DeepSeek 的 Logo，主体是一个蓝色小鲸鱼形象；右上角区域分布两个功能按钮：API 开放平台和语言切换。

API 即应用程序接口（Application Programming Interface），通过 API 可以在第三方平台上调用 DeepSeek 功能。“API 开放平台”是用户采购 API、查询用量以及查阅相关技术文档的平台。如果用户没有 API 调用需求，这部分内容可暂且忽略。

此外，DeepSeek 充分考虑全球用户的需求，提供中文和英文两种语言界面，用户仅需单击右上角的语言切换按钮，就能轻松实现语言切换。

主界面的中间区域是 DeepSeek 网页版的关键交互区域，设置了“开始对话”和“获取手机 App”两个功能按钮。单击“开始对话”按钮，进入用户和 DeepSeek 的交互界面。单击“获取手机 App”按钮，弹出下载 App 版的二维码，用户可以扫码下载 DeepSeek App。

2.1.2 DeepSeek 网页版核心功能

在 DeepSeek 网页版的主界面中单击“开始对话”按钮，进入用户和 DeepSeek 的交互界面，如图 2-2 所示。

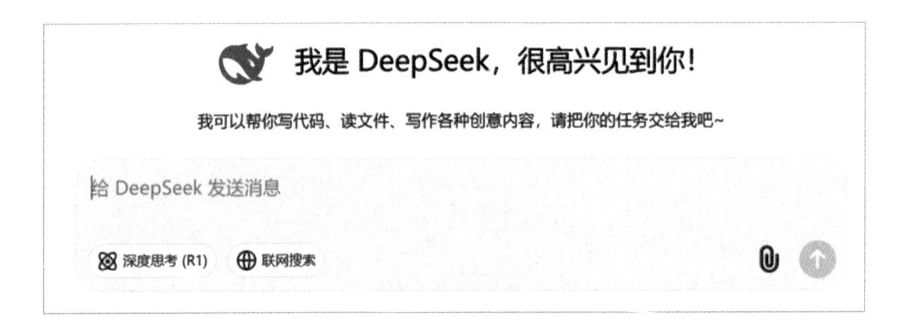

图 2-2 交互界面

在图 2-2 中，中间的灰色区域是用户给 DeepSeek 发送消息的地方，本书称其为交互对话框。目前，DeepSeek 网页版只能通过文字交互。

在交互对话框的底部有 3 个实用的选项：深度思考（R1）、联网搜索以及上传附件。下面分别介绍这 3 个选项的功能，用户可以根据自己的需求选择使用。

1. “深度思考（R1）”选项

这里的 R1 是指 DeepSeek-R1 模型，也就是具备树状推理能力的模型。如果不选择“深度思考（R1）”选项，DeepSeek 默认使用 DeepSeek-V3 模型。

DeepSeek-V3 模型不具备树状推理能力，用户在产品体验上和使用 ChatGPT 类大模型相似，交互过程如图 2-3 所示。

图 2-3　和 DeepSeek-V3 模型交互的过程

如果选择“深度思考（R1）”选项，DeepSeek 就会切换到 DeepSeek-R1 模型。这时候，用户发送同样的消息，DeepSeek 就会显示深度思考的时间以及推理过程，如图 2-4 所示。

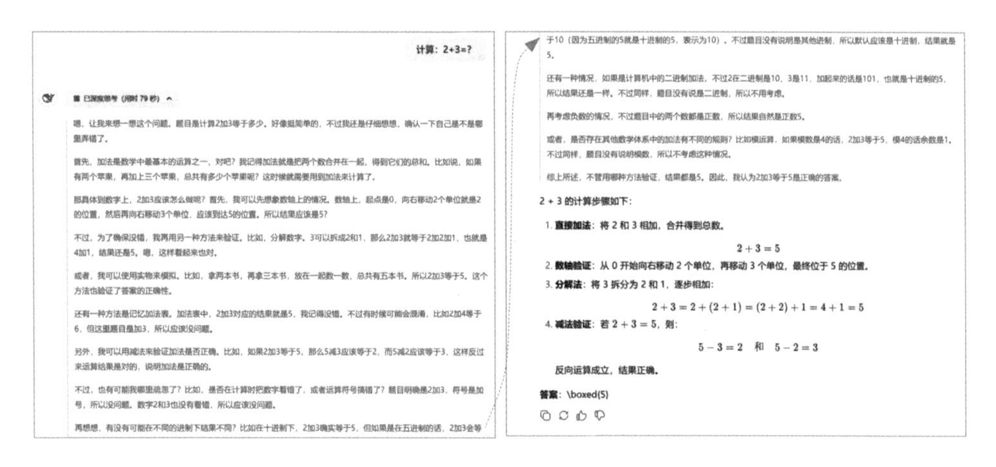

图 2-4　和 DeepSeek-R1 模型交互的过程

DeepSeek-R1 模型自推出便引发全球关注，其创新性和用户体验都极为出色，强烈建议用户在使用时选择“深度思考（R1）”选项。不过，由于 DeepSeek-R1 模型要对用户消息进行树状推理，运算量较大，耗费时间较长，所以在处理简单问题时，直接使用 DeepSeek-V3 模型会更为高效。

2. “联网搜索”选项

选择“联网搜索”选项，DeepSeek 就会检索互联网资料，并基于检索到的资料回答用户问题。为了更好地了解该功能，这里有必要介绍一下 DeepSeek 的数据构成。

当前主流大模型的数据架构可分为内部数据（预训练基础数据）和外部数据（动态增强数据）两大层级。

内部数据相当于大模型的知识库，是模型知识体系构建的核心素材。这些数据通常源于大量的文本语料库，涵盖了书籍、报刊、网页等各类信息资源，经过清洗、去重、标注等复杂的预处理流程后，用于模型的训练。值得注意的是，内部数据往往存在一个明确的截止日期，如 DeepSeek-R1 模型所使用的训练数据截止到 2023 年 10 月。这意味着在 2023 年 10 月之后产生的新知识、新事件、新观点等信息，并未被纳入该模型的训练数据中，因此它对这部分新内容的直接理解和应用能力受到了限制。

外部数据主要是借助大模型的联网功能，实时从互联网等外部数据源检索获取的数据。当大模型在处理任务遇到内部数据库中缺失数据，特别是 2024 年及之后产生的新数据时，外部数据就发挥关键作用。它能够实时获取最新的信息，补充内部数据的缺口，让大模型在面对各种问题时，能够依据更全面、更具时效性的信息给出反馈。

总的来说，内部数据赋予大模型基础的语言理解和生成能力，而外部数据则为大模型注入了实时更新的活力，二者的有机结合，让大模型在自然语言处理领域展现出强大的实力和广阔的应用前景。

这里尝试提问一个 2023 年 10 月之后的问题，如“2024 年出生人口是多少？”在不选择“联网搜索”选项的模式下，DeepSeek 回答：“截至 2023 年 10 月，2024 年尚未结束，因此中国（或其他国家）2024 年的出生人口尚无官方统计数据。”具体交互过程如图 2-5 所示。

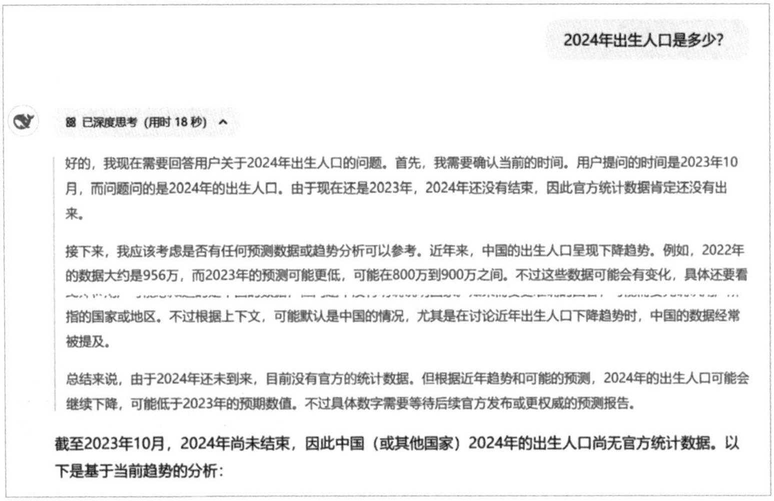

2024年出生人口是多少?

已深度思考（用时 18 秒）

好的，我现在需要回答用户关于2024年出生人口的问题。首先，我需要确认当前的时间。用户提问的时间是2023年10月，而问题问的是2024年的出生人口。由于现在还是2023年，2024年还没有结束，因此官方统计数据肯定还没有出来。

接下来，我应该考虑是否有任何预测数据或趋势分析可以参考。近年来，中国的出生人口呈现下降趋势。例如，2022年的数据大约是956万，而2023年的预测可能更低，可能在800万到900万之间。不过这些数据可能会有变化，具体还要看

指的国家或地区。不过根据上下文，可能默认是中国的情况，尤其是在讨论近年出生人口下降趋势时，中国的数据经常被提及。

总结来说，由于2024年还未到来，目前没有官方的统计数据。但根据近年趋势和可能的预测，2024年的出生人口可能会继续下降，可能低于2023年的预期数值。不过具体数字需要等待后续官方发布或更权威的预测报告。

截至2023年10月，2024年尚未结束，因此中国（或其他国家）2024年的出生人口尚无官方统计数据。以下是基于当前趋势的分析：

图 2-5　在未联网模式下对 2023 年 10 月之后的信息交互过程

同样的问题，我们再来对比联网模式下的交互过程，如图 2-6 所示。

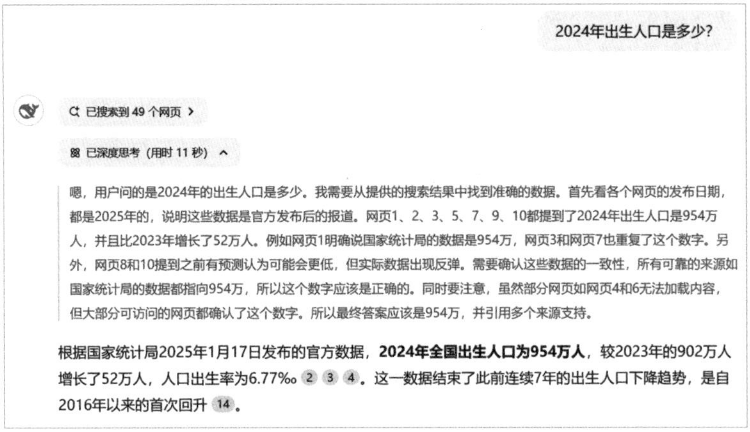

2024年出生人口是多少?

已搜索到 49 个网页 >

已深度思考（用时 11 秒）

嗯，用户问的是2024年的出生人口是多少。我需要从提供的搜索结果中找到准确的数据。首先看各个网页的发布日期，都是2025年的，说明这些数据是官方发布后的报道。网页1、2、3、5、7、9、10都提到了2024年出生人口是954万人，并且比2023年增长了52万人。例如网页1明确说国家统计局的数据是954万，网页3和网页7也重复了这个数字。另外，网页8和10提到之前有预测认为可能会更低，但实际数据出现反弹。需要确认这些数据的一致性，所有可靠的来源如国家统计局的数据都指向954万，所以这个数字应该是正确的。同时要注意，虽然部分网页如网页4和6无法加载内容，但大部分可访问的网页都确认了这个数字。所以最终答案应该是954万，并引用多个来源支持。

根据国家统计局2025年1月17日发布的官方数据，**2024年全国出生人口为954万人**，较2023年的902万人增长了52万人，人口出生率为6.77‰ 2 3 4。这一数据结束了此前连续7年的出生人口下降趋势，是自2016年以来的首次回升 14。

图 2-6　在联网模式下对 2023 年 10 月之后的信息交互过程

交互界面中显示，DeepSeek 根据用户的问题，搜索了 49 个网页。单击这个信息框，还能看到网页搜索的列表。紧接着是对这些网页信息的分析，DeepSeek 会从发布时间、具体数据、不同信息源等维度推理答案的合理性和准确性，并最终将它

认为最优的答案呈现给用户，答案中的关键数据以注释的方式标注来源。

3. “上传附件”选项

利用“上传附件”选项，用户可以上传私有文件，并借助 DeepSeek 进行分析。目前，DeepSeek 允许用户同时上传的附件数量最多为 50 个，每个附件的大小不超过 100MB，附件类型为各类文档和图片，如图 2-7 所示。

图 2-7　DeepSeek 的上传附件功能

在实际操作中，以下 3 个细节需要格外注意。

（1）目前 DeepSeek 仅能识别和分析附件中的文字内容，如图 2-8 所示。对于图片，它也只能分析其中的文字内容，而无法分析图像内容。此外，音频、视频等多媒体内容暂时也不在分析范围之内。

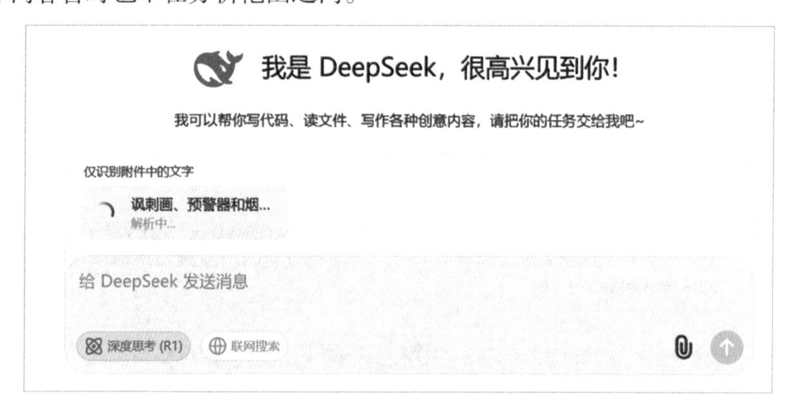

图 2-8　DeepSeek 提示仅能识别附件中的文字内容

（2）“联网搜索”功能和“上传附件”功能不能同时使用。如果选择“联网搜索”选项，“上传附件”选项就会变成灰色，并提示“联网搜索不支持上传文件”，如图 2-9 所示。同样地，如果选择“上传附件”选项，“联网搜索”选项也会变成灰色，如图 2-8 所示。

图 2-9　DeepSeek 提示“联网搜索不支持上传文件”

（3）DeepSeek 支持上传多种格式的附件，其中常见的文档有 TXT（.txt）、Excel（.xls 或 .xlsx）、Word（.doc 或 .docx）、PDF、PPT（.ppt 或 .pptx）等；图片格式支持 JPG、PNG、BMP 等；代码类文件支持 Python（.py）、Java（.java）、C++（.cpp）、JavaScript（.js）等。此外，还兼容 ZIP 和 RAR 压缩文件格式，方便用户实现多个文件的批量上传。

2.2 DeepSeek App 版界面与核心功能

在 2.1 节，我们详细介绍了 DeepSeek 网页版的界面与核心功能，接下来，我们聚焦到其 App 版。

2.2.1 DeepSeek App 版的下载与安装

DeepSeek 网页版的主界面中提供了 App 版的下载通道，单击主界面中的“获取手机 App”按钮（见图 2-1），便会弹出如图 2-10 所示的二维码。用户只需使用手机中带扫描功能的 App 应用，如微信、支付宝、百度等，扫描该二维码，即可看到下载通道列表，如图 2-11 所示，点击相应的下载通道，即可轻松完成 App 版的安装。

图 2-10　DeepSeek App 下载通道

图 2-11　DeepSeek App 下载通道列表

除了上述安装方式，用户也可以直接在手机上的应用商店或应用市场检索安装程序。例如，在华为手机的应用市场中搜索“DeepSeek”，搜索结果列表中第一个便是 DeepSeek，点击其右侧的“安装”按钮即可自动安装。安装完成后，按照提示信息注册并登录 DeepSeek，点击“开启对话”按钮，就进入了 DeepSeek App 交互界面。

App 版的核心功能和网页版的基本一致，但在个别地方存在差异。在 DeepSeek App 交互界面中，点击左上角的两条横线按钮 =，可以查看交互记录；点击右上角的加号按钮 ⊕，可以新建对话；点击右下角的加号按钮+，将展开上传附件功能区域，其中提供了“拍照识文字”“图片识文字”“文件”3 个按钮，如图 2-12 所示。点击相应的按钮，即可上传手机中的文件。同网页版一样，App 版也只能分析文字内容，暂时不支持音频、视频等多模态内容。

图 2-12　DeepSeek App 的上传附件功能区域

2.2.2 DeepSeek 的 App 版与网页版的差异

虽然 App 版和网页版的核心功能设置差异不大，但在具体应用场景和用户体验上，仍存在诸多差别。

（1）运行速度。

App 版在移动端运行，通常会通过简化流程和优化交互降低用户的认知负担，相比网页版，其响应更为迅速。

（2）移动场景适配。

虽然 App 版没有内置语音输入功能，但它可以与手机输入法联动，用户可通过语音快速输入，实现即时问题解答。此外，App 版还支持拍照上传，未来随着技术的发展，还有望支持对音频、视频等多模态内容的分析，以更贴合移动场景下的使用需求。

（3）输入内容优化。

为了快速处理信息，App 版在面对复杂信息时，会自动对输入内容进行优化，如压缩图片、简化文本格式等。这会对后续的分析产生一定的影响。

（4）输出答案优化。

由于手机屏幕较小，阅读时容易产生跳跃感，App 版会针对移动端读者的阅读习惯，对输出内容进行优化，如缩短段落、增加分段等，以提升阅读体验。

2.3 DeepSeek API 平台介绍

无论是机构还是个人，都可以通过 API 接入 DeepSeek 。在所接入的应用上，用户就能够使用 DeepSeek 的核心功能。

具体操作是通过 DeepSeek 主界面右上角的“API 开放平台”选项（见图 2-1）购买 API 服务，购买成功后会生成一个专属的 API key。这个 API key 就如同用户调用 DeepSeek 功能的“通行证”，凭借它，用户可在自己的应用上畅享 DeepSeek 的强大功能。

目前，由于 DeepSeek 的服务器资源紧张，API 服务受到了影响，而且 DeepSeek

的网页版和 App 版提供的服务有时也会出现不稳定、卡顿现象，并提示用户“服务器繁忙，请稍后再试”，如图 2-13 所示。遇到这种情况，用户可以单击交互对话框下方的刷新按钮，尝试重新互动。

图 2-13　DeepSeek 网站服务不稳定

还有一种解决方案，就是使用已接入 DeepSeek API 功能的、运行稳定的平台。这里介绍 3 个接通 DeepSeek API 且免费使用的平台。

第一个：纳米 AI。

纳米 AI 是 360 集团旗下的产品，集成多款国内大语言模型产品，如文心一言、豆包等，包括 DeepSeek-R1，其网页版的相关界面如图 2-14 所示。

图 2-14　集成多款国内大语言模型产品

纳米 AI 网页版目前提供 DeepSeek-R1- 联网满血版和 DeepSeek-R1-360 高速专线两个入口。从功能设置和使用体验来看，两者区别不大。它们的核心差异在于参数不同，前者为 671B 参数，后者是 32B 参数。这里的参数相当于人脑中的神经元，在其他条件相同的情况下，参数越大，功能越强大。也就是说，一般情况下，

DeepSeek–R1– 联网满血版的性能要优于 DeepSeek–R1–360 高速专线。但是在与用户交互的时候，后者的速度更快。在分析简单问题时，可以选择使用后者。

图 2–15 所示为纳米 AI 的 DeepSeek–R1– 联网满血版交互界面。

图 2–15　纳米 AI 的 DeepSeek–R1– 联网满血版交互界面

和 DeepSeek 官网相比，纳米 AI 网页版只提供了 DeepSeek–R1 模型的相关版本，没有提供 DeepSeek–V3 模型，在功能设置上，也没有提供上传附件功能。

第二个：跃问。

跃问是上海阶跃星辰智能科技有限公司（以下简称阶跃星辰）推出的一款生成式人工智能产品，其交互界面如图 2–16 所示。

图 2–16　跃问的交互界面

跃问在功能设计上与 DeepSeek 官网高度相似。当用户未选择交互对话框下方的“深度思考 · R1”选项时，系统默认使用 Step 大模型；而选择“深度思考 · R1”选项后，则会切换至 DeepSeek–R1 模型。此外，跃问还提供搜索与上传附件功能。

第三个：青泥 AI。

青泥学术是学术志旗下的大数据平台，专注于学术领域的智能化服务。青泥 AI 是青泥学术的一个核心功能，也通过 API 接入 DeepSeek。青泥 AI 的交互界面如图 2-17 所示。

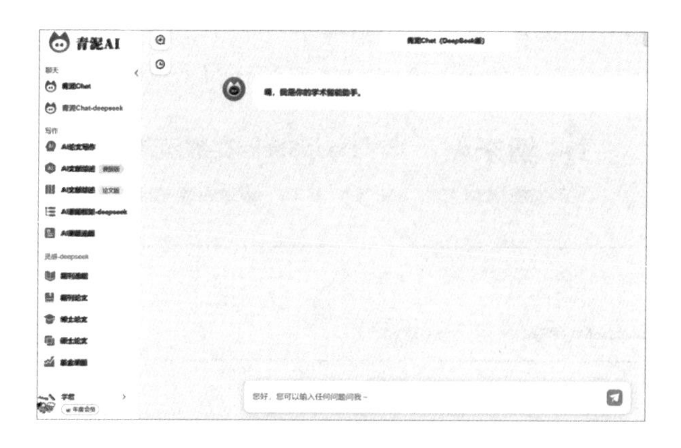

图 2-17 青泥 AI 的交互界面

青泥 AI 的界面比较简洁，在交互对话框中输入消息后，单击生成按钮或按 Enter 键即可交互。青泥 AI 只提供了基于 DeepSeek-R1 模型的对话功能，没有提供联网搜索和上传附件功能。

青泥 AI 的特色是同时提供了很多学术功能，如基于 DeepSeek 帮助用户完成课题框架的设计与撰写，相关界面如图 2-18 所示。此外，还有辅助用户进行文献综述设计等功能，请读者尝试探索。

图 2-18 基于 DeepSeek 设计课题框架

除了上述 3 个已接入 DeepSeek API 且可免费使用的第三方平台，还有一些其他接入 DeepSeek API 的平台，如腾讯元宝、百度搜索、国家超算中心等。每个平台都各有特色，读者可根据自身需求灵活选用。

这里需要补充说明的是，第三方平台在对接 DeepSeek API 时，会根据自己的需求设置合适的参数，如温度值（temperature），不同温度值会对答案产生明显的影响（温度值默认为 1.0）。温度值越低，答案越有逻辑性和理性；温度值越高，答案的创意性越强。表 2–1 是 DeepSeek 官方给出的不同温度值适用的场景。

表 2–1　不同温度值适用的场景

场景	温度值
代码生成 / 数学解题	0.0
数据抽取 / 分析	1.0
通用对话	1.3
翻译	1.3
创意类写作 / 诗歌创作	1.5

除了温度值，还有 Top–p（Nucleus Sampling）、max_tokens（最大 token 数）等参数都会对同一问题的答案产生影响。所以，即使不同平台通过 API 接入了相同的模型，由于各自的参数设置不同，答案也会存在较大的差异。所以，我们在使用 DeepSeek 时，建议以 DeepSeek 官网为主，以第三方平台为辅。

本章详细介绍了 DeepSeek 的基础操作，包括网页版、App 版、API 的使用方法及其核心功能。DeepSeek 网页版界面简洁，功能丰富，提供深度思考（R1）、联网搜索及上传附件等功能，满足用户多样化需求。App 版的功能与网页版的相似，但更加适配移动场景，支持拍照识文字功能，优化了输入输出体验，运行速度更快。API 服务为第三方平台接入 DeepSeek 功能提供了便捷途径，目前纳米 AI、跃问、青泥 AI 等平台已接入 DeepSeek，为用户提供多样化的应用服务。

本章小结

DeepSeek

第 3 章

DeepSeek 提示词撰写

在全面了解了 DeepSeek 的基础操作后，我们对其网页版、App 版以及 API 接入的灵活性和多功能性有了较深的认知。但是，要充分发挥 DeepSeek 的强大能力，仅掌握操作方式还远远不够。提示词是我们与 DeepSeek 进行高效交互的关键，高质量的提示词不仅能够显著提升大模型的理解能力和答案生成效果，还为我们更加精准地实现任务目标提供了可能。接下来，我们就详细探讨如何撰写高质量的提示词，从而最大化利用 DeepSeek 的核心功能。

3.1 DeepSeek 提示词还有存在的必要吗

在人工智能的发展进程中，人机交互模式不断变革。

在决策式人工智能阶段，人机交互主要依赖特定的接口或限定的输入形式（如编程指令、按钮或菜单），人工智能仅能依据预设规则执行特定任务，缺乏灵活性与自主性。

随着生成式人工智能的兴起，提示词（prompts）应运而生，开启了一种全新的人机交互模式。提示词是用户为大语言模型提供的任务指令，用于引导其生成特定类型的内容。用户只需运用日常语言，清晰阐述自身需求与想法，大模型便能解读这些指令，并生成高度契合需求的回应，整个交互过程如同人与人之间的正常交流般自然流畅。

在和大模型互动的过程中，为了使大模型输出高质量、准确且具有针对性的回应，研究者和用户总结出了一些规律，并基于这些规律制定了一系列优化策略。例如，通过明确问题、精心选择关键词、设置上下文以及添加限制条件等，可以显著提高生成内容的质量和实用性。

这种对提示词进行设计和优化的过程被形象地称为提示工程（Prompt Engineering）。从事提示词撰写和优化的专业人士则称为提示工程师（Prompt Engineer）。这一现象不仅标志着设计和优化提示词成为一项技术含量颇高的工作种类，更反映出整个行业对提示词在生成式人工智能交互中的关键作用的高度认可。

相较于 ChatGPT 类生成式大模型，DeepSeek 进一步优化了人机交互方式。DeepSeek-R1 交互功能的最大亮点，是推理过程的可视化。用户提问后，能清楚地看到该模型从理解问题，到分析、推导，再给出答案的完整思路。这种直观的呈现方式，让用户真切感觉到模型是真懂自己的。于是，很多人认为不用再费心思去雕琢那些复杂的提示词，只需使用最基本的口语化语言，大模型就能精准领会，高效精准地给出令人满意的回答。

我们认为这个说法是值得商榷的。

那么，在 DeepSeek 到来之后，提示词还有存在的必要吗？如果有必要，那么如何有效地使用提示词？

我们的核心观点是：对于 DeepSeek 类大模型而言，提示词仍然具有不可替代的价值，但其使用范式已发生转变。

科学使用提示词的策略是：简单问题使用简单提示词，复杂问题必须使用复杂提示词。这一策略的本质是“以问题为中心，以效率为导向”的人机协作新范式。

3.2 识别简单问题和复杂问题

在 DeepSeek 交互中，提出一个高质量问题的重要性远甚于单纯获得一个答案。而精准区分问题的类型，无疑是提出高质量问题的首要前提。

从表面上看，简单问题和复杂问题的界限好像并不明晰，只是一种个人感知上的区别。但实际上，各问题类型之间存在着客观、明确的界限。

这里我们构建了一个用以区分问题类型的“五维问题复杂度判断框架”，如表 3-1 所示。

表 3-1 五维问题复杂度判断框架

维度	简单问题	案例	复杂问题	案例
信息维度	单一信息点，无上下文	量子计算的基本单位是什么？	多信息源交叉验证，需依赖上下文关联	量子计算在金融风控中的应用与伦理挑战
逻辑维度	线性逻辑，单步推理即可解决	Python 如何将列表转为字典？	网状逻辑，需多步推理与逻辑验证	设计一个基于机器学习的舆情分析系统架构

续表

维度	简单问题	案例	复杂问题	案例
领域维度	通用知识或单一专业领域	网络安全法的颁布时间	跨学科知识融合	区块链技术在医疗数据确权中的法律与技术协同机制
输出维度	确定性答案（事实 / 定义 / 公式）	欧拉公式的数学表达式	创造性输出（方案 / 分析 / 预测）	预测 AI 监管政策对自动驾驶行业的影响路径
验证维度	答案可通过单一权威源验证	ISO9001 最新版的发布日期	需多源交叉验证与逻辑自洽性检验	评估元宇宙概念对传统零售业的颠覆性影响

我们可以应用“五维问题复杂度判断框架”分别从信息维度、逻辑维度、领域维度、输出维度和验证维度 5 个维度对一个问题的类型进行判定，从而快速明确问题类型，继而采取相应的问题解决策略。

基于“五维问题复杂度判断框架”，我们着手构建了“问题复杂度层级”，具体内容详见表 3–2。在这一体系中，问题复杂度层级划分为 L1 记忆检索、L2 理解应用、L3 分析推理、L4 综合评价、L5 创新生成这 5 种类型。从 L1 至 L5，各层级所对应的问题复杂度呈阶梯式上升，每提升一个层级，在问题的深度、解决难度等方面均有显著提升 。

表 3–2　问题复杂度层级

复杂度层级	复杂度描述	案例
L1 记忆检索	单一事实查询	地球的公转周期是多少?
L2 理解应用	概念解释 + 简单应用	解释什么是光合作用，并说明其对生态系统的重要性
L3 分析推理	多因素关联分析	分析影响房价的因素，如地理位置、政策法规、经济发展水平等
L4 综合评价	跨领域系统评估	评价在线教育对教育公平、教学质量和学习体验的影响
L5 创新生成	突破性方案设计	设计一个能够有效促进城市居民垃圾分类的创新激励机制

依据“问题复杂度层级”，我们可以进一步借助大模型来确定所提问题的复杂度。鉴于此类问题属于对比判断性质，所以推荐使用 DeepSeek-V3 或者豆包等链式推理大模型。下面，为读者详细演示在 DeepSeek-V3 模型中的操作过程。

第一步：将“问题复杂度层级”投喂给大模型，鉴于“问题复杂度层级”是表格形式，可以截图投喂给大模型，如图 3-1 所示。

该表格是“问题复杂度层级”，请学习该表格内容。

该表格展示了问题复杂度的五个层级，每个层级对应不同的能力要求和案例。以下是各层级的简要概述。

1. **L1 记忆检索**：涉及单一事实的查询，要求能够准确回忆和检索基本信息。例如，“地球的公转周期是多少？”
2. **L2 理解应用**：需要解释概念并能够进行简单应用。例如，“解释什么是光合作用，并说明其对生态系统的重要性”。
3. **L3 分析推理**：涉及多因素关联分析，要求能够综合考虑多个因素进行推理。例如，“分析影响房价的因素，如地理位置、政策法规、经济发展水平等”。
4. **L4 综合评价**：要求进行跨领域的系统评估，能够综合评价不同领域的影响。例如，“评价在线教育对教育公平、教学质量和学习体验的影响”。
5. **L5 创新生成**：需要设计突破性的解决方案，要求创新思维和生成新方案的能力。例如，“设计一个能够有效促进城市居民垃圾分类的创新激励机制”。

这些层级从简单的记忆检索逐步过渡到复杂的创新生成，反映了问题解决能力的逐步提升。

图 3-1　将“问题复杂度层级”以图片形式投喂给 V3 模型

第二步：请大模型参考“问题复杂度层级”判断问题类型。设计一个提问进行测试，如图 3-2 所示。

帮我判断以下问题的类型：请你扮演一个刚从美国留学回国的人，说话时候会故意中文夹杂部分英文单词，显得非常fancy，对话中总是带有很强的优越感。

这个问题属于 **L5 创新生成** 层级。原因如下。

1. **创新性**：问题要求你扮演一个特定角色，并模拟一种独特的语言风格和行为模式。这需要创造性地设计对话方式和表达风格，以符合角色的特点。
2. **突破性方案设计**：你需要设计一个能够体现角色优越感和语言特点的对话方式，这涉及对角色心理、语言习惯和文化背景的综合理解和创新应用。
3. **复杂情境模拟**：问题不仅要求语言上的创新，还要求你在对话中持续保持角色的优越感和特定的语言风格，这需要高度的情境模拟和角色扮演能力。

因此，这个问题需要你生成一个突破性的、具有创新性的对话方案，符合 L5 层级的要求。

图 3-2　基于“问题复杂度层级”判断问题类型

当然，并不是说在与大模型交互前都要进行问题类型检测，而是通过演示对问题类型的分析判断过程，加深我们对问题类型的理解，提升我们对不同问题类型的敏感度。这样一来，在撰写提示词时，便能更具针对性，精准地引导大模型输出符合需求的结果。

3.3 设计 DeepSeek 提示词的六定模型

在设计针对复杂问题的解决方案的提示词时，我们需要考虑 6 个核心要素：定角色、定背景、定目标、定方法、定结构、定基调。这 6 个要素构成设计提示词的一个思维框架，我们称之为六定模型，如图 3-3 所示。

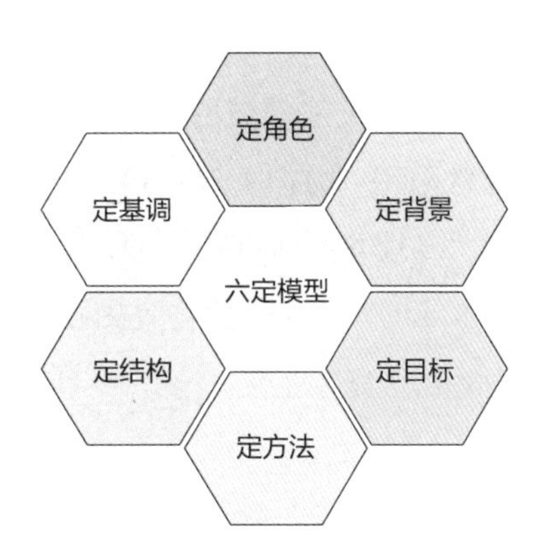

图 3-3 DeepSeek 提示词方法论：六定模型

3.3.1 六定模型核心要素解析

了解六定模型的首要任务就是了解和掌握其 6 个核心要素。解析这些要素，能够帮助大家构建精准的提示词框架，确保大模型输出的内容更具专业性、针对性和实用性，从而高效满足实际需求。

第一个要素：定角色。

定角色，就是为大模型指定一个具体角色（如广告创意总监、心理咨询师等），引导它以这个角色的身份、思维和知识进行思考。定角色是一种精准定位专业身份的表述策略，通过结构化信息强化可信度，可显著提升输出的专业性与场景适配性。

定角色可以通过专业身份、视角限定和知识边界 3 个维度构建权威人设。这是一种结构化定义职业角色的方法，旨在通过明确身份、领域边界与专业范围，提升角色的可信度与专业深度。以下为各维度的分解与示例分析。

（1）专业身份锚定。

借助具有公信力的资质认证，或是行业内广泛认可的职称、职务，作为信任背书，以此确立角色在特定领域的权威性，精准锚定专业身份。例如，国家二级心理咨询师、微软认证 AI 工程师、牛津大学教育学博士等，这些头衔清晰地展现出专业人士在各自领域的深厚底蕴与专业地位。

（2）视角限定聚焦。

通过对角色的应用场景、核心关注领域的精准限定，有效缩小问题解决的范围，让服务更具针对性。通常采用“方向 + 经验值 + 方法论”的模式，添加限定词，明确服务边界。例如，“专攻青少年抑郁干预，擅长应用 CBT（认知行为疗法），累计咨询时长超过 2000 小时”这一表述将服务方向聚焦于青少年抑郁干预，依托 CBT，并用丰富的咨询时长彰显专业性。

（3）知识边界声明。

清晰界定角色所能覆盖的专业范畴，避免出现越界回答，确保回答内容的准确性与专业性。一般使用“基于……”“在……范畴内”等句式，明确声明的范围。例如，“基于《中国居民膳食指南（2022）》提供建议，具体诊疗请遵医嘱”这一表述既表明建议的科学依据，又提醒用户诊疗需遵循医嘱，不越界提供医疗诊断。

案例对比

普通提问：如何写一篇关于环保的文章？

定角色：你是一位环境科学领域的资深记者，请分析当前全球碳排放问题的核心矛盾，并提出解决方案。

实操案例

请分析以下两个案例，哪个表述更精准？

案例 1：[国家二级心理咨询师（青少年方向）] + [专注青春期情绪障碍干预 8 年] + [基于认知行为疗法（CBT）框架，不涉及药物治疗与家庭法律纠纷]

案例 2：[资深情感咨询师] + [解决婚姻危机] + [提供法律建议和财产分割方案]

分析：

案例 1 的表述更为精准，精确描述了角色的专业身份、视角限定和知识边界，几乎没有歧义。案例 2 的表述比较含糊，如专业身份不明确，缺乏资质认证；视角限定不够，“解决婚姻危机”的表述过于笼统；知识边界混乱，情感咨询师在提供法律咨询方面缺乏专业性。

第二个要素：定背景。

设定背景是提升生成内容精准度与情境适应性的核心策略。通过明确时间 / 空间、事件背景、受众特征 3 个方面，能够有效框定语言模型的思考范围，提升生成内容与真实业务场景的匹配度，避免泛泛而谈。

（1）明确时间 / 空间。通过时空锚点为模型建立参照系，有效规避跨时代 / 地域的知识混淆。时间维度包含绝对时间（如“2025 年汽车置换更新补贴政策”）、相对时间（如“未来 3 个月的市场预测”）；空间维度包含物理位置（如“东南亚市场”）、虚拟空间（如“元宇宙社交场景”）。示例如下。

低效提示：分析新能源汽车发展趋势。

优化提示：基于“欧盟碳关税”政策，分析中国新能源车企在德国市场的竞争策略。

（2）叙述事件背景。完整地叙述事件背景，需要考虑：描述事件起因（政策调整 / 技术突破）、发展进程（当前阶段）、关联方（竞争对手 / 合作伙伴）、核心矛盾（技术瓶颈 / 资源限制）4 个要素。示例如下。

模糊背景：写一份产品推广方案。

精确背景：你是 [公司名称] 市场推广负责人，公司 2025 年第二季度将推广 AR 导航智能眼镜，已完成研发内测，准备小范围试运营。主要竞品是 Apple Vision Pro 二代，我们的眼镜更轻便、AR 导航更精准。目前需解决消费者对此类产品的低认知问题，加大宣传，技术上也要持续优化算法。请基于以上信息撰写推广方案。

（3）描述受众特征。受众特征包括：人口统计学属性特征，如年龄、职业、收入水平等；认知特征，如专业知识、使用经验等；行为特征，如购买渠道、信息获取方式等；文化特征，地域习俗、价值观禁忌等。示例如下。

初级描述：目标用户是年轻人。

进阶描述：25~35 岁一线城市科技从业者，熟悉智能硬件，年收入 30 万 ~50 万元，偏好极简设计风格。

案例对比

模糊提问：如何提高员工积极性？

定背景：在远程办公常态化背景下，一家互联网公司的技术团队出现协作效率下降问题，请设计 3 种提升员工积极性的具体方案。

实操练习

请根据给定的主题，从明确时间 / 空间、叙述事件背景、描述受众特征 3 个方面，将下面的“低效提示”优化为“精准提示”。

主题：设计一款健身 App 的运营方案。

低效提示：设计一款健身 App 的运营方案。

优化要求如下。

明确时间 / 空间：设定一个具体的时间范围和目标市场空间。

叙述事件背景：详细说明 App 的开发进度、当前面临的问题、主要竞争对手等。

描述受众特征：清晰描述目标用户的人口统计学属性特征、认知特征、行为特征和文化特征。

第三个要素：定目标。

定目标是指在特定的情境或任务中，明确期望达成的结果，并将其转化为具体、可衡量、有时限且具有相关性的陈述过程。

目标制定可遵循三步法，帮助我们将模糊需求转化为精准、可执行的目标。具体步骤如下。

（1）明确结果类型。清晰界定目标的输出形式，如分析报告、创意方案、操作指南、对比表格、故事脚本等。示例如下。

模糊需求：教我做用户增长。

精准目标：请制作一份可供新手运营人员操作的“社群裂变操作指南”。

（2）量化指标设定。对目标设定具体参数，明确目标的范围，如字数限制、步骤数量、案例个数、时间范围等。示例如下。

模糊需求：写产品文案。

精准目标：为智能手环撰写 3 篇抖音短视频口播文案，每篇文案不超过 30 字。

（3）强调关键要求。突出目标中包含的特殊限制条件，如受众水平、成本限制、格式规范、平台适配等。示例如下。

模糊需求：分析销售数据。

精准目标：请分析第三季度销售数据，重点标注华东地区母婴品类同比下跌 20% 的数据异动，要求包含 3 个归因假设和 2 张可视化图表。

案例对比

模糊提问：撰写一份培训方案。

定目标：开展线上 AI 入门培训，为期 10 天，每天授课 4 小时，面向零基础的大学生群体，基于以上信息帮我撰写一份培训方案。

实操练习

请根据目标制定的三步法，将以下“模糊需求”转化为精准、可执行的目标。

模糊需求：设计一个调查问卷。

第四个要素：定方法。

定方法是指在提示词中明确指出完成任务所需的具体方法、工具或流程。通过引导 AI 采用特定方法论，将抽象问题转化为可操作的解决方案框架，使生成的内容更具科学性和可行性。这一要素能帮助 AI 聚焦于符合用户需求的专业路径，减少无效发散，提升方案的可操作性。具体包含以下方面。

（1）分析框架。指定用于分析问题的结构化模型或理论框架，如 SWOT 分析、PEST 分析等。示例如下。

基于 PEST 模型，分析 2024 年人工智能企业在中国的营商环境与商业机遇。

（2）创作手法。指定内容创作的艺术或逻辑表达方式，如蒙太奇叙事、对比论证法等。示例如下。

用蒙太奇手法设计一个公益广告脚本，主题为“城市中的孤独感”。

（3）技术工具。明确完成任务的工具或技术路径，如 Python 编程、问卷调查等。示例如下。

用 Python 编写一个爬虫程序，抓取豆瓣评分位于前 250 名的电影及其短评，并生成词云图。

（4）流程设计。规定任务执行的步骤或开发模式，如瀑布式开发、敏捷迭代路线图等。示例如下。

按瀑布模型为某银行设计信用卡系统升级方案。

案例对比

模糊提问：分析某奶茶品牌的竞争力。

定方法：使用波特五力模型分析喜茶在 2024 年新茶饮市场的竞争态势，重点说明供应商议价能力和替代品威胁。

实操练习

按照以下要求，撰写提示词：

按照双钻石设计流程制订用户调研计划，明确：发散阶段（20 人焦点小组实施要点）、收敛阶段（用户需求以 KANO 模型分类）、从 4 个维度设计核心用户画像。

第五个要素：定结构。

定结构，即规范内容的组织形式，目的是确保信息呈现逻辑清晰，便于理解和应用。结构化设计是达成这一目的的关键手段，它能赋予内容逻辑性、可读性和实用性，使信息接收者能降低认知负担，迅速抓住核心观点，实现高效应用。在思考如何定结构时，可以从如下几个方向入手。

（1）叙述顺序，其类型有时间轴、因果链、逻辑链，如表 3–3 所示。

表 3–3　叙述顺序类型

类型	适用场景	结构特征	案例参考
时间轴	流程说明、历史演进	按时间节点排列，展示事件连续性	项目进度报告、操作手册步骤等
因果链	问题分析、策略推导	以“问题—原因—影响—对策”链式展开	事故调查报告、商业决策建议书等
逻辑链	理论阐述、案例论证	采用金字塔结构：结论先行—分层论证—数据支撑	学术论文框架、产品设计方案等

- 时间轴：按照事件发展顺序组织内容，像顺叙、倒叙就属于此类。这种方式适用于流程说明或历史回顾，能让读者清晰地把握事件的先后进程。
- 因果链：适用于问题分析与策略推导，常见的结构特征是“问题—原因—影响—对策”。在实际应用时，往往需要基于此结构特征，再结合具体场景来设计叙述的结构层级。这特别适合分析类内容，能帮助我们梳理问题的来龙去脉，找到解决问题的思路。
- 逻辑链：适用于理论阐述和方案论证，常用金字塔结构，先呈现结论，再分层论证，最后以数据支撑。例如学术论文，先给出结论，接着分层论述，并用数据佐证。

案例对比

模糊表达：分析新能源汽车充电故障。

精准表达：扮演质量工程师，按因果链分析新能源汽车充电故障：［现象层］充电效率下降 20% →［根因层］电池管理系统电压采样误差 →［传导层］导致 SOC 估算偏移 →［影响域］引发用户续航焦虑。要求用鱼骨图排列要素，标注各节点的置信概率。

（2）呈现形式，包括分点论述、对话体、图表化等形式，如表 3–4 所示。

表 3-4 呈现形式的优势、适用场景及设计要点

呈现形式	优势	适用场景	设计要点
分点论述	信息密度高，便于快速扫描	技术文档、政策解读	每点不超过 3 级缩进，使用统一符号
对话体	增强代入感，降低理解门槛	培训材料、用户指南	设置角色标签（如系统提示）
图表化	直观展示复杂关系	数据分析报告、架构说明	遵循“图表标题 + 数据来源 + 解读要点”的原则

- 分点论述：优势为信息密度高，便于快速扫描。适用于技术文档、政策解读等场景。在技术文档中可罗列操作步骤，用于政策解读时能清晰呈现条款要点。
- 对话体：可增强代入感，降低理解门槛。常用于培训材料、用户指南。如培训材料中模拟互动，使用户指南更易懂。
- 图表化：能直观展示复杂关系，适用于数据分析报告、系统架构说明。在数据分析报告中呈现数据趋势，在系统架构说明中展示系统架构。设计遵循 “图表标题 + 数据来源 + 解读要点”的原则，即标题概括主题，注明来源以确保可靠性，解读要点以辅助理解关键信息。

案例对比

模糊提问：将 2024 年第四季度销售数据转化为可视化方式。
定结构：您是擅长数据可视化的商业分析师，请将 2024 年第四季度销售数据转化为决策层可快速理解的图表组合报告。图表组合策略，主仪表盘（关键指标同比、环比）、热力图（区域销售分布）、折线图（月度趋势 + 预测线）、注释标准（异常点标注“红色▲ + 悬停详情”、预测区间显示为浅色背景带）；交互设计，下钻功能（单击区域跳转到明细表）、动态筛选器（产品线 / 渠道类型）；输出格式为 HTML。

实操练习

任务背景

某智能硬件公司收到用户反馈，智能手表续航时间与宣传参数存在20%偏差。作为产品体验设计师，你需要对“设备续航异常”问题进行结构化分析，帮助团队快速定位问题根源。

任务要求

按照以下建议设计提示词。

1. 叙述顺序

采用因果链类型，按以下结构层级展开。

（1）现象层（用户可感知的表征）。

（2）触发层（直接引发现象的操作 / 事件）。

（3）根因层（系统层面的技术缺陷）。

（4）影响域（商业价值与用户体验损失）。

2. 呈现形式

（1）分点论述：用编号列表呈现关键节点。

（2）图表化：设计矩阵图对比不同使用场景的功耗数据（以文字描述图表要素即可）。

第六个要素：定基调。

定基调指通过控制风格，精准匹配使用场景，增强表达效果。定基调的核心是通过多维度的动态调节，实现信息传递的精准适配。具体而言，需从专业度、情感值和文化适配这3个维度进行动态平衡，其本质是借助多维参数调控，让生成内容的风格特征与情感恰到好处。

（1）专业度频谱调节：在学术严谨性与大众传播性间连续调控。

①术语密度控制。学术端，要求强制激活领域专有名词，如“半衰期”“方差分析”等；科普端，则要求用类比解释，如“就像水库放水”“药物浓度随时间降低”，以帮助大众理解专业概念。

②句式结构优化。学术模式常采用复合句搭配被动语态，如“实验结果被反复验证”，凸显严谨性；口语模式则偏好设问句式结合主动语态，如“想知道为

什么吗”，增强互动性。

③论证逻辑深度。科研论文体遵循三段式论证，即“假设—数据—推论”；科普场景体则采用故事化叙事，按照“现象—疑问—解答”的结构，使内容更通俗易懂。示例如下。

- 请用初中生能理解的比喻，解释量子纠缠现象，避免使用数学公式。
- 将该案例的学术性内容调整为大众化风格。

（2）情感值动态平衡：在绝对理性与深度共情间进行梯度调节。

①情感标记词植入。理性模式下，禁用“优秀”“糟糕”这类主观评价词；共情模式下，嵌入“令人震撼”“深感遗憾”等情感强化词，以调动读者情绪。

②人称视角转换。中立立场采用第三人称视角，客观呈现内容；情感共鸣则选用第二人称对话体，如“当你面对……”，拉近与读者的距离。

③修辞策略选择。理性表达可依靠数据支撑和条件概率增强可信度，如“约73% 案例显示……”；情感渲染则运用感官描写和修辞格营造氛围，如“仿佛触摸到历史的脉搏”。示例如下。

把“生存率提升 15%（$p < 0.05$）”转换成患者容易理解且充满希望的表述，如“您有更大的机会恢复健康”。

（3）文化适配调谐：应使外来文化与本土文化相适配，需要进行语境重构。

①符号系统转换。表述内容应契合不同文化背景，如西方语境常用希腊神话作类比，东方语境有二十四节气隐喻。

②价值观映射。个人主义文化中，强调个性突破；集体主义文化里，突出协同价值，满足不同文化价值观需求。

③禁忌规避机制。在宗教敏感区，自动替换有争议的意象；针对地域认知差异，调整计量单位，如将“亩”换为“公顷”。示例如下。

解释区块链技术时，对比丝绸之路商队信用体系，避免涉及赌博相关案例，尊重文化差异。

案例对比

中性表达：介绍公司新产品。

定基调：以脱口秀风格的幽默口吻，用网络流行语为“Z 世代”用户介绍最新发布的智能手表功能亮点，要求包含 3 个谐音梗。

实操练习

场景设定：你作为科普期刊编辑，需要将一篇关于阿尔茨海默病新药研究的论文摘要转化为科普文章。

原始内容：

本研究通过双盲随机对照试验评估X化合物疗效（n=240）。PET扫描显示实验组β淀粉样蛋白沉积量较对照组下降32.4%（p=0.003），ADAS-cog量表改善1.8分（95%CI 0.9–2.7）。不良反应发生率与安慰剂组相比，无统计学差异（χ^2=1.23, p=0.267）。

要求：

（1）将内容转化为面向中学生的科普短文。

（2）使用至少2个生活化类比解释专业概念。

（3）采用“现象—疑问—解答”叙事结构。

（4）句式主动语态占比大于70%。

基于上述对六定模型的介绍，为了帮助读者更直观、系统地了解这一模型，下面将其核心要点梳理整合，制成了思维导图，详见图3-4。

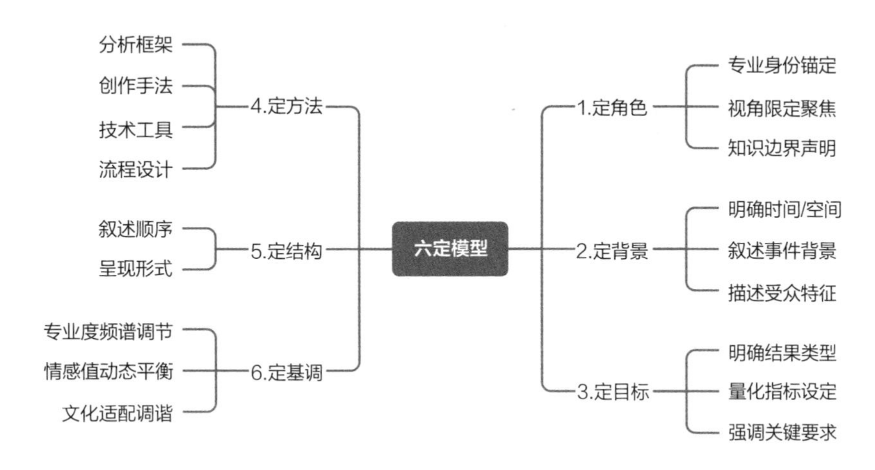

图3-4　六定模型的思维导图

3.3.2 六定模型案例分析

结合上文所阐述的六定模型，我们提炼出了一个适配 DeepSeek 的提示词结构模板，可以参照这个模板设计和撰写 DeepSeek 提示词。

DeepSeek 提示词设计模板

作为 [角色]，在 [背景] 下，请完成 [目标]，采用 [方法]，按 [结构] 组织，内容需符合 [基调]。

在基于六定模型设计 DeepSeek 提示词时，要注意以下几点。

1. 思考与撰写顺序

依循定角色、定背景、定目标、定方法、定结构、定基调的顺序深入思考，明确各要素的内涵与关联。但在实际撰写提示词时，不必拘泥于该顺序，可依据具体需求灵活调整，使提示词更契合任务情境，引导大模型生成更符合预期的结果。

2. 要素选取

面对高度复杂的任务，可全面运用六定模型的 6 个要素，构建完整的提示词体系。若任务相对简单，可根据复杂度有针对性地选取部分要素。其中，目标是核心要素，其他要素都应围绕目标进行合理搭配，确保提示词紧密围绕任务核心。“角色 + 目标”的组合可解决大多数常规任务，随着问题复杂度的升级，可组合更多的要素。

3. 适用范畴

六定模型的应用领域广泛，不仅适用于文本类目标提示词的设计，在设计有关图片、音乐、视频等多模态类提示词时同样效果显著。不过，在实际操作过程中，需与对应的专业工具协同使用，如设计图片需借助图像生成工具，从而实现多模态内容的优质创作。

为了更深入理解和掌握设计 DeepSeek 提示词的六定模型，下面就以一个完整案例，系统性地展示基于六定模型的深度思考过程。

案例背景：某公司是一家在线教育公司，考虑到 DeepSeek 是一款非常高效的生产力工具，因此想设计一个面向公司内部的“DeepSeek 使用培训方案”。

第一步：定角色。

确定角色时，可以从 3 个维度思考：专业身份、视角限定和知识边界。要想设计一份优秀且实效的培训方案，就需要具有专业能力的专家人设。考虑到 DeepSeek 是一款生产力工具，且培训面向公司内部员工，故选择“资深生产力工具培训专家”。这类专家熟悉各种办公软件和生产力工具的使用技巧，有丰富的企业内部培训经验，能够根据不同岗位员工的需求，提供有针对性的培训内容，帮助员工快速掌握 DeepSeek 的使用方法，提升工作效率。

角色设定：资深生产力工具培训专家，拥有 10 年以上办公软件和生产力工具培训经验，曾为多家知名企业开展内部培训，成功帮助员工提升工作效率 30% 以上，擅长根据不同岗位需求定制培训方案。

第二步：定背景。

明确培训的时间、空间、事件背景和受众特征，能让培训方案更贴合实际情况。时间设定为 2025 年 3 月，公司业务发展迅速，对员工的工作效率有更高要求；空间为公司内部线上线下结合的培训环境，方便员工参与；事件背景是，公司引入 DeepSeek 这款高效的生产力工具，希望员工能够熟练运用，提升工作效率和协作能力，但目前员工对 DeepSeek 了解甚少；受众特征为公司各部门员工，包括教学、教研、运营、市场等岗位，他们的工作内容不同，对工具的需求也有差异，但都需要提升工作效率，部分员工对新工具的接受能力较强，部分员工可能需要更多的指导和练习。

背景设定：2025 年 3 月，公司引入 DeepSeek 生产力工具，希望员工熟练运用以提升工作效率和协作能力，但员工对其了解甚少。培训受众为公司各部门员工，包括教学、教研、运营、市场等岗位，工作内容和工具需求不同，不同员工对新工具的接受能力有差异。

第三步：定目标。

根据背景和培训需求，明确具体、可衡量、有时限且具有相关性的目标。结果类型为制定培训方案，量化指标设定为在培训后的 1 个月内，使 80% 的员工能够熟练使用 DeepSeek 的核心功能，员工整体工作效率提升 20%；关键要求是培训方案要结合不同岗位需求，设置个性化的培训内容和实践环节。

目标设定：制定一份为期 2 周的 DeepSeek 使用培训方案，在培训后的 1 个月内，使 80% 的员工熟练使用 DeepSeek 的核心功能，员工整体工作效率提升 20%。方案需结合不同的岗位需求，设置个性化培训内容和实践环节。

第四步：定方法。

为使培训方案更具科学性和有效性，不仅要明确培训方法，还要加入全面的评估体系。采用理论讲解与实践操作相结合的方法，通过线上直播进行理论知识讲解，让员工了解 DeepSeek 的功能和原理；再组织线下小组实践，让员工在实际操作中加深对工具的掌握程度；利用案例分析法，展示 DeepSeek 在不同工作场景中的应用，帮助员工更好地理解和运用。同时，借助柯氏四级评估模型对培训效果进行全面评估。

方法设定：采用理论讲解与实践操作相结合的培训方法。先通过线上直播进行理论知识讲解，再组织线下小组实践。运用案例分析法展示工具在不同工作场景中的应用。借助柯氏四级评估模型，从反应、学习、行为和结果 4 个层面评估培训效果。其中，反应评估，在每次课程结束后 1 小时内通过在线问卷收集；学习评估，在培训结束后的 3 天内进行线上理论测试和线下实操考核；行为评估，在培训后的 1~ 3 个月内，每月由直属上级进行观察评估；结果评估，在培训后的 3~6 个月内对比公司整体业务指标。

第五步：定结构。

为了使培训方案逻辑清晰，便于理解和执行，采用时间轴叙述顺序，按照培训前准备、培训实施、培训后评估 3 个阶段进行安排；呈现形式，结合使用分点论述和图表化，通过分点论述呈现培训内容、培训方式、考核方式等，用图表展示培训进度安排、员工学习成果统计等。

结构设定：按时间轴结构，分为培训前准备、培训实施、培训后评估 3 个阶段。采用分点论述和图表化相结合的呈现形式，通过分点论述呈现培训内容、培训方式、考核方式等，用图表展示培训进度和员工学习成果。

第六步：**定基调。**

考虑到培训对象是公司内部员工，采用专业、实用且鼓励式的基调。语言表达简洁明了，避免过多的专业术语，使用通俗易懂的语言和案例进行讲解；在培训过程中，鼓励员工积极提问和参与实践，营造轻松的学习氛围。

基调设定：以专业、实用且鼓励式的语言风格撰写培训方案，使用简洁易懂的语言和案例进行讲解，鼓励员工积极参与，营造轻松的学习氛围。

以上是完整的思考过程，最后我们将以上各模块内容进行汇总，形成完整的提示词。

实操案例

你是资深生产力工具培训专家，拥有 10 年以上办公软件和生产力工具培训经验，曾为多家知名企业开展内部培训，成功帮助员工提升工作效率 30% 以上，擅长根据不同岗位需求定制培训方案。
2025 年 3 月，公司内部引入了 DeepSeek 生产力工具，但员工对其了解甚少。培训受众为公司各部门员工，包括教学、教研、运营、市场等岗位，他们的工作内容和工具需求不同，员工对新工具接受能力有差异。公司希望员工熟练运用该工具，提升工作效率和协作能力。
请制定一份为期 2 周的 DeepSeek 使用培训方案，在培训后的 1 个月内，使 80% 的员工熟练使用 DeepSeek 的核心功能，员工整体工作效率提升 20%。方案需结合不同的岗位需求，设置个性化培训内容和实践环节。
采用理论讲解与实践操作相结合的培训方法。先通过线上直播进行理论知识讲解，再组织线下小组实践。运用案例分析法展示工具在不同工作场景的应用。借助柯氏四级评估模型，从反应、学习、行为和结果 4 个层面评估培训效果。其中，反应评估，在每次课程结束后的 1 小时内通过在线问卷收集；学习评估，在培训结束后的 3 天内进行线上理论测试和线下实操考核；行为评估，在培训后的 1~3 个月内，每月由直属上级进行观察评估；结果评估，在培训后的 3~6 个月内对比公司整体业务指标。
以专业、实用且鼓励式的语言风格撰写培训方案，使用简洁易懂的语言和案例进行讲解，鼓励员工积极参与，营造轻松的学习氛围。

以上提示词提供了很多细节，但是有点长，在此基础上，我们可以再提炼一个简洁版。

实操案例

以资深生产力工具培训专家身份，结合 10 年以上培训经验及多家企业内部培训的成功案例，针对不同的岗位定制方案。2025 年 3 月公司内部引入 DeepSeek，员工对其了解较少。培训对象为各部门员工，其需求和接受能力有差异。目标是 2 周培训后的 1 个月内，80% 员工熟练掌握核心功能，整体工作效率提升 20%。

培训采用理论与实践相结合的方式，线上直播讲理论，线下小组实践，用案例分析展示应用。借助柯氏四级评估模型，从反应、学习、行为、结果 4 个层面进行评估，反应评估在课程结束后的 1 小时内完成问卷收集，学习评估在培训结束后的 3 天内理论和实操考核，行为评估在培训后 1~3 个月内由直属上级观察，结果评估在培训后 3~6 个月内对比业务指标。

用专业、实用、鼓励式的语言风格，简洁、易懂的表述方式，结合具体案例，制定培训方案。

没有完美的提示词，好的提示词都是不断测试迭代出来的，读者可以将以上提示词发送给 DeepSeek，然后根据答案不断迭代。

3.3.3 基于 DeepSeek 自动化撰写六定模型提示词

在 3.3.2 小节中，我们用一个完整的案例展示了运用六定模型来思考和设计 DeepSeek 提示词的过程。可能会有人觉得这个方法的操作难度较大，实施起来挑战很大。别担心，这一节，我们将介绍一种更为简便的撰写提示词的方法，即借助 DeepSeek 自身强大的能力，基于六定模型，实现 DeepSeek 提示词的自动化撰写。自动化撰写 DeepSeek 提示词可以参考以下步骤。

第一步：向 DeepSeek 投喂六定模型。

将 3.3.2 小节中关于六定模型要素的内容，删掉案例内容后，投喂给 DeepSeek，具体操作如下。

实操案例

学习以下内容，学习完成后回复“完成”。学习内容如下：### 设计和撰写 DeepSeek 提示词的六定模型核心要素解析
第一个要素：定角色
定角色，就是为大模型指定一个具体角色（如广告创意总监、心理咨询师等），引导它以这个角色的身份、思维和知识进行思考。定角色是一种精准定位专业身份的表述策略，通过结构化信息强化可信度，可显著提升输出的专业性与场景适配性
定角色可以通过专业身份、视角限定和知识边界 3 个维度构建权威人设。这是一种结构化定义职业角色的方法，旨在通过明确身份、领域边界与专业范围，提升角色可信度与专业深度。以下为各要素的分解与示例分析。
……
###

这一步操作中有几个要注意的细节。

（1）指令设置。投喂阶段，只需要 DeepSeek 学习内容，不需要它再次重复输出，所以开始的时候输入如下指令：

学习以下内容，学习完成后回复“完成”。

（2）格式处理。将 3.3.2 小节中关于六定模型要素的内容放在 # 号之间，材料开始前放 3 个 # 号，材料结束后放 3 个 # 号，形式为“### 六定模型要素内容 ###”。# 号是 Markdown 语言，表达的意思是 # 号内的是材料，DeepSeek 会理解这个意思，然后对内容属性进行区分。

第二步：基于六定模型自动化撰写 DeepSeek 提示词。

完成第一步，即 DeepSeek 成功学习六定模型后，接着就要引导 DeepSeek 基于其对六定模型的理解自动化撰写提示词。这一步骤极为关键，其中的核心操作是向 DeepSeek 提供撰写提示词的专属材料。

例如 3.3.2 小节的案例，任务是设计一个企业内部培训方案，那就需要把公司情况、人员构成、具体培训需求等信息提供给 DeepSeek，引导 DeepSeek 撰写出符合真实需求的提示词。

需要注意的是，为大模型提供的材料不必过于追求结构化和标准化，只需将想到的相关材料整理、汇总后提供即可。因为 DeepSeek 具备一定的理解和补充能力，能够依据自身对这些材料的理解，补充完善一些细节。具体操作可参考图 3-5 。

参考以下材料和需求，基于六定模型，帮我撰写提示词。注意：不需要满足六定模型中每一个要求，根据实际情况，选择关键要素，设计提示词，最后输出完整提示词。材料如下：###某公司是一家在线教育公司，考虑到DeepSeek是一款非常高效的生产力工具，因此想设计一个面向公司内部的“DeepSeek使用培训方案”。公司引入DeepSeek这款高效的生产力工具，希望员工能够熟练运用，提升工作效率和协作能力，但目前员工对DeepSeek了解甚少；受众特征为公司各部门员工，包括教学、教研、运营、市场等岗位，他们工作内容不同，对工具的需求也有差异，但都需要提升工作效率，部分员工对新工具的接受能力较强，部分员工可能需要更多的指导和练习。在培训后的1个月内，使80%的员工能够熟练使用 DeepSeek 的核心功能，员工整体工作效率提升20%；关键要求是培训方案要结合不同岗位需求，设置个性化的培训内容和实践环节。采用理论讲解与实践操作相结合的方法，借助柯氏四级评估模型对培训效果进行全面评估。按时间轴叙事顺序，分为培训前准备、培训实施、培训后评估3个阶段。采用分点论述和图表化相结合的呈现形式，通过分点论述呈现培训内容、方式、考核方式等，用图表展示培训进度安排、员工学习成果统计等。采用专业、实用且鼓励式的语言风格。语言表达简洁明了，避免过多的专业术语，使用通俗易懂的语言和案例进行讲解。###

图 3-5　引导 DeepSeek 撰写专属提示词

这一步实操时要注意，加一句引导 DeepSeek 撰写提示词的指令，如“参考以下材料和需求，基于六定模型，帮我撰写提示词。注意：不需要满足六定模型中每一个要求，根据实际情况，选择关键要素，设计提示词，最后输出完整提示词”。另外，提供的专属材料仍然放在 # 号之间。

第三步：修改提示词，确定细节。

完成第二步后，DeepSeek 会自动生成一条提示词初稿。由于初稿难免存在细节与需求不符的情况，此时就需要对提示词初稿加以修改。有两种可行的修改方法：一是返回第二步，修改第二步中的提示词，重新生成初稿；二是基于提示词初稿进行手动修改。

第四步：新建对话，将提示词发送给 DeepSeek。

当对提示词初稿修改至符合要求后，将其发送给 DeepSeek。DeepSeek 会依据对提示词的理解和推理，充分发挥其智能算法优势，综合分析各类信息，最终生成相应的结果。

第五步：检验结果。

对最终结果进行检验，如果满意，则结束对话；如果不满意，返回到前面步骤继续修改提示词。

完成上述步骤后，需对最终结果展开全面检验。若检验结果达到预期，令人满意，则结束对话；若结果未能达到预期，就需要回溯到之前的步骤，重新修改提示词。请牢记，好的答案不是一步到位的，而是要经过反复打磨和迭代的。

3.4 六定模型的优势与不足分析

六定模型作为设计 DeepSeek 提示词的创新思维与方法论，为提升人工智能交互效率开辟了新路径。然而，如同任何新兴理念与方法，它在展现显著优势的同时，也存在一定的局限性。下面对六定模型的优势与不足展开深入分析。

3.4.1 六定模型的优势

六定模型看起来好像很复杂，但它是一种适配 DeepSeek 底层机制的设计思维。在解决实际问题时，六定模型展现出独特的优势。其优势主要体现在以下 4 个方面。

1. 结构化思维的充分运用

六定模型构建起一套全面且严谨的问题解构框架，从角色定位、背景设定、目标明确、方法选择、结构规划到基调确定，6 个维度层层递进、紧密相连，形成了一个完整的逻辑闭环。这种设计极大地减小了 DeepSeek 输出结果的偏差，保证了输出内容的稳定性。同时，清晰的逻辑链条有助于用户系统地拆解复杂问题，避免关键信息的遗漏，尤其在多维度协同任务中，其优势更为突出。

一句话总结：基于六定模型，问题表达更清晰明了。

2. 契合推理逻辑，减少歧义

DeepSeek 作为强推理大模型，对结构化明确、逻辑清晰的信息具有更强的识别和理解能力，能够精准把握用户意图，有效降低产生歧义的风险，避免模型进行过度猜测。以咨询场景为例，当用户提出复杂问题时，六定模型能够引导用户将问题拆解为具体要素，使大模型更准确地理解问题核心，从而提供更贴合需求的回答。

一句话总结：基于六定模型的提示词，DeepSeek 理解用户意图更准确。

3. 复杂问题的高效适配

六定模型在多变量决策场景中表现出色，它能够将复杂的决策因素分解到 6 个维度中，通过结构化分析，帮助用户全面、系统地考虑问题，进而做出更科学合理的决策。在企业战略规划、市场分析等复杂任务中，六定模型可以引导用户从不同角度分析问题，综合考虑各种因素，制定出更具针对性和可行性的策略。

一句话总结：基于六定模型的提示词，DeepSeek 更擅长解决复杂场景中的复杂问题。

4. 通过有效设计减少对话轮数

六定模型在初始问题阶段已进行深入思考并精心设计提示词，能够引导大模型更精准、高效地解决问题。由于上下文限制，随着对话轮数增加，DeepSeek 可能会遗忘前面的内容，因此，我们需要在尽量少的对话轮数内解决问题。因此，从一开始便需进行全面周密的提示词设计。

一句话总结：基于六定模型的提示词，将有效提升对话的效率与效果。

3.4.2 六定模型的不足

六定模型以其严谨的逻辑和结构化优势为复杂问题的解决提供了强大支持，但任何事物都有两面性。在实际应用中，它也显现出一些不足之处。我们从以下 3 个方面进行分析。

1. 复杂度与效率的矛盾

完整执行六定模型的 6 个要素，平均耗时较长。而且目前各要素之间的权重分配尚未明确，这使得新手在使用时容易出现要素堆砌的情况，不仅无法有效提升效率，反而增加了操作的复杂性。例如，在处理简单问题时，过度运用六定模型的全部要素，可能会导致浪费时间，降低工作效率。

2. 对创新性的限制

六定模型的结构化程度较高，这在一定程度上可能会抑制创造性解决方案的产生。它为 DeepSeek 的思考划定了较为明确的框架，这使得 DeepSeek 在面对需要突破常规思维的问题时，难以跳出既定结构去探索新颖的解决方案，某种程度上限制了 DeepSeek 自有能力的发挥。

3. 知识负荷与学习成本

新手需要同时掌握六要素的定义以及它们之间的协同逻辑，学习成本较高。在初期使用时，容易陷入机械套用模板的误区，仅仅按照模板填写内容，而忽略了要素之间的动态关联。例如，当“目标”发生变更时，“方法”也需要同步调整，若不能理解这种动态关系，就无法充分发挥六定模型的优势。

综上，六定模型在提升 DeepSeek 输出稳定性和可控性方面表现卓越，在风险敏感的决策场景中能够为决策提供可靠支持。但在需要突破性创新的领域，其结构化的特性可能会对 DeepSeek 生成具有创新性的回答有一定限制。在实际应用中，我们应根据具体需求，合理选择是否使用六定模型，以充分发挥其优势，规避其不足。

3.5 针对简单问题的 DeepSeek 提示词设计技巧

在表 3-2 中，我们将问题复杂度划分为 5 个层级。此前，我们已经深入剖析了适用于复杂问题的六定模型。复杂问题往往出现在特定的、具有一定专业性和挑战性的场景之中，需要我们进行深度思考，运用系统的方法，提出专门化的解决方案。

不过，在日常的生活与工作场景里，我们借助 DeepSeek 处理的大多是简单问题。这些问题看似普通，那是不是在使用 DeepSeek 解决简单问题时，随意撰写提示词就可以了呢？答案是否定的。尽管所使用的提示词更趋近于自然语言，简单易懂，但我们也需要掌握提示词设计技巧。这些技巧虽然不像处理复杂问题时的方法那样烦琐，却同样关键，能够决定我们能否高效、准确地获取想要的结果。接下来，本节将简要介绍针对简单问题的 DeepSeek 提示词设计技巧，帮助大家更好地利用 DeepSeek 解决简单问题。

3.5.1 简单问题的 DeepSeek 提示词设计方法

在与 DeepSeek 等 AI 工具进行交互时，针对简单问题设计提示词的关键在于精准与高效。在简单问题交互中，优化交互效率是最核心的原则，要避免大模型根据模糊信息进行猜测，目标是单次交互获得目标信息的成功率高。通过运用一系列有效的方法和遵循相应的注意事项，引导大模型快速输出符合预期的答案。

下面介绍简单问题的 DeepSeek 提示词设计方法。

（1）直接提问法。

使用简洁明了的疑问句，直接指向具体的知识点。例如：

低效互动：能否告诉我关于地球运动的一些知识？

高效互动：地球的公转周期是多少？

这种直截了当的提问方式能让 DeepSeek 迅速理解需求，快速给出准确答案。其原理在于，简单清晰的问题能让 DeepSeek 精准定位到核心需求，避免因问题表述模糊而产生理解偏差，从而高效地从庞大的知识储备中提取相关信息并作答。

（2）明确性优先法。

避免提出开放性问题，尽量限定回答的范围和形式。例如：

低效互动：说说牛顿第一定律。

高效互动：用 30 字解释牛顿第一定律。

使用明确性优先法能让 DeepSeek 输出更精准、更符合预期的内容。开放性问题由于缺乏明确限制，DeepSeek 可能给出宽泛、多样的回答，难以满足用户对特定信息的需求；而限定了回答范围和形式的问题，能引导 DeepSeek 朝着用户期望的方向进行信息整合与输出。

（3）原子提问法。

原子提问法指把复合问题拆分成一个个独立的、基本的问题单元。例如：

低效互动：如何制作蛋糕以及如何保存？

高效互动：请分步说明蛋糕制作流程（每个步骤不超过 15 字）。

复合问题包含多个任务，DeepSeek 在处理时可能顾此失彼，无法全面且有条理地作答；将其拆分为原子化问题，每个问题只对应一个具体任务，DeepSeek 就能更专注、准确地完成回答。

（4）预设验证机制。

可以添加验证条件，如“如果超过 50 字请重新组织”，或者设置校验标准，如“回答后请自检是否符合要求”，以此来确保大模型输出符合预期的结果。预设验证机制能对 DeepSeek 的回答进行约束和规范，使其输出在内容长度、质量等方面都能满足用户设定的标准，提升回答的可用性。

3.5.2 简单问题的 DeepSeek 提示词设计注意事项

对于简单问题，设计 DeepSeek 提示词需注意以下几点。

（1）避免模糊词。

避免使用模糊表述，像“谈谈”“随便说说”这类词应杜绝。要直接说明所需信息的类型，如定义、数值、步骤等。例如，不要说“谈谈光合作用”，而是明确表述为“给出光合作用的定义”。

（2）避免复合任务。

简单问题应聚焦一个单一目标，要么问事实，要么要求解释，不要把分析、评价等任务混合进来。例如，“分析并评价光合作用”就属于更高层级的复杂问题，不适合简单问题的提问方式。简单问题的设计目的是获取单一、明确的信息，混合任务会使问题复杂度提升，超出简单问题范畴，影响 DeepSeek 回答的准确性和针对性。

（3）避免隐喻表达。

不要使用隐喻性的表述，如“像教小孩那样说”就不合适，应改为“用 6 岁儿童能理解的语言解释”，确保 DeepSeek 能准确理解提问意图。隐喻表达具有较强的主观性和模糊性，DeepSeek 难以像人类一样理解其隐含意义。因而我们使用直白、清晰的语言能保证大模型正确解读问题并给出合适的回答。

3.5.3 简单问题的 DeepSeek 提示词设计模板

为了方便理解和实操，我们针对简单问题的 DeepSeek 提示词设计了一个参考模板：

[动作指令] + [具体对象] + [限定条件]

- 动作指令：指的是下达指令的具体动作，一般为单一动词，如解释、列出、计算、判断等。
- 具体对象：指明确的问题主体。简单问题中一次只针对一个主体，如光合作用、制作蛋糕等。
- 限定条件：指的是结果的约束条件，如字数、格式、场景等。

我们看一个具体示例。

用小学生能理解的比喻，20 字内解释什么是电流。

示例中“用小学生能理解的比喻”和“20 字内”是限定条件，“解释”是动作指令，“什么是电流”是具体对象 。

运用这一模板构建提示词，能够使对简单问题的提问更加规范、高效。从结构层面引导用户清晰阐述问题，助力 DeepSeek 精准把握用户意图，从而生成更理想的回答。当然，该模板仅为参考性结构，现实中问题类型丰富多样，需依据具体情形灵活运用。

实操练习

假设你正在准备一份关于环保知识的宣传资料，需要借助 DeepSeek 获取一些具体信息。请根据以下要求，使用 DeepSeek 提示词设计技巧，提出相应的问题。

（1）请给出“温室效应”的定义，提供简洁明了的解释，不超过 30 字。

（2）列举出 3 种减少塑料污染的可行方法，对每种方法的描述不超过 20 字。

（3）用小学生能理解的语言，解释什么是“可持续发展”，字数控制在 40 字以内。

要求：

使用“[动作指令] + [具体对象] + [限定条件]”模板来设计你的提示词。确保提示词符合面向简单问题的设计要求。

本章小结

从问题复杂度层级切入，本章深入剖析并提出了 DeepSeek 提示词设计的核心策略：面对简单问题，适配简单提示词；处理复杂问题，则必须运用复杂提示词。

针对复杂问题，我们精心构建了设计 DeepSeek 提示词的六定模型。该模型从 6 个关键要素入手，进行全方位、精细化的筹划设计，旨在深度挖掘问题本质，有效解决复杂问题，为用户提供精准、高效的解决方案。

对于简单问题，我们同样展开了深入分析，明确了设计 DeepSeek 提示词的基本方法，同时指出常见误区。为便于用户操作，我们还提出了“[动作指令] + [具体对象] + [限定条件]”的实用模板，助力用户快速生成合适的提示词，提升效率。

需要着重强调的是，无论是六定模型，还是简单问题的提问模板，它们都不是一成不变的固定规则，而是为大家提供的具有参考价值的思路。在实际操作过程中，由于问题的多样性和复杂性，我们应充分结合具体情况，灵活运用这些策略和模板，以达到最佳效果。

DeepSeek

第 4 章

DeepSeek 深度交互方法

在大语言模型时代，提示词是实现人机交互的关键途径。上一章我们从问题的复杂度层级切入，深入剖析并提出了 DeepSeek 提示词设计的核心策略和方法。但在 DeepSeek 的推理机制中，有诸多影响交互体验的推理细节，这些细节对整个交互系统的运行起着至关重要的作用。在本章中，我们将深入挖掘与 DeepSeek 进行深度交互的原理、策略及技巧。

4.1 DeepSeek 的推理机制

在第 1 章我们介绍过，DeepSeek 和 ChatGPT 类大模型都属于生成式人工智能，但是它们在内在运行机制上有着很大区别，其中，推理技术和基于推理的产品体验是两者非常显性的差别。如第 1 章所述，基于推理技术的差异，我们将 ChatGPT 类大模型定义为链式推理大模型，而 DeepSeek 属于树状推理大模型。

技术层面的差别我们暂且不谈，从产品体验上来看，相较 ChatGPT 类大模型，DeepSeek-R1 在和用户交互中，给出了对用户输入信息的拆解和推理过程。这是人与大模型交互模式的一次重要变革，它将 ChatGPT 类大模型的“提问—回答” 二阶交互模式，进化为“提问—拆解—回答”三阶交互模式。

在二阶交互模式中，大模型如何理解和处理用户信息，也就是大模型的运作机制是隐蔽的、后台化的，就像一个“黑箱”，用户得到了答案，却不知答案从何而来。

而在三阶交互模式下，DeepSeek-R1 带来了显著的变革。它将理解和推理的过程可视化，把原本神秘的“黑箱”转变为内容公开的“白盒”。这就好比在解题时，DeepSeek-R1 不再只是直接给出答案，而是会一步一步地展示出它思考的步骤和逻辑。用户仿佛是在与一位思路极为清晰，且会耐心细致地讲解解题步骤的伙伴交流，能够清晰地了解模型的思考逻辑，这种变化极大程度地提升了交互体验。我们将 DeepSeek-R1 对用户信息的可视化推导过程称为“认知中间层”，如图 4-1 所示。

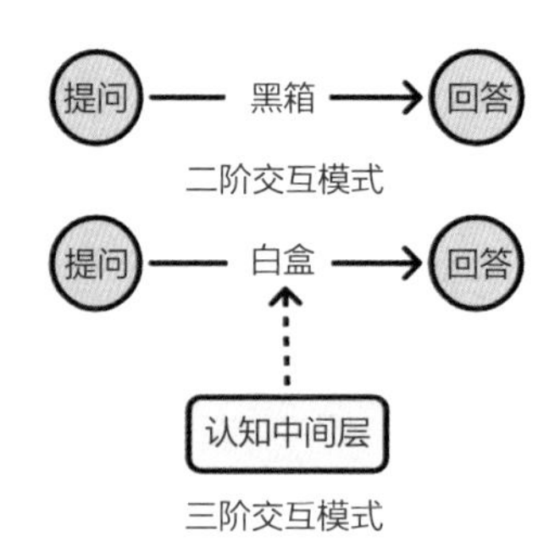

图 4-1 DeepSeek-R1 构建了独特的“认知中间层”

“认知中间层”作为 DeepSeek-R1 的核心特征，同样也是三阶交互模式的关键环节。深入探究“认知中间层”的运作机制，有助于我们更透彻地理解 DeepSeek 的推理机制。

通过深入研究与剖析，我们发现“认知中间层”至少具备了 10 项功能。接下来，我们将基于一个完整案例进行深度剖析，以深入理解 DeepSeek 的推理机制。

实操案例

提问： 用小学生能理解的比喻，20 字内解释什么是电流

推理： 嗯，用户让我用小学生能理解的比喻，在 20 字以内解释什么是电流。

首先，我得确定电流的基本概念是什么。电流是电荷的流动，对吧？那电荷对于小学生来说可能有点抽象，需要用他们熟悉的东西来比喻。常见的比喻可能是水流，但水流可能不够具体，或者有没有更贴近他们生活的例子？比如，手电筒里的电流，或者玩具车需要电池才能动，这些可能都是他们接触过的。然后考虑比喻的准确性。水流虽然常见，但水流是液体流动，而电流是电子的流动，可能需要更直观的比喻。比如，像一群小朋友排队跑步，或者小汽车在公路上行驶。不过要确保比喻简单易懂，同时不超过 20 字。还要注意字数的限制。中文 20 字以内，可能需要非常简洁。比如“电流就像水流，是电的流动。”这样？但“电的流动”可能还是有点抽象。或者用更具体的动作，比如“电流是电宝宝在电线里赛跑”？这样更生动，虽然“电宝宝”可能不太准确，但是小学生能理解。再想想，有没有其他常见的比喻？比如蚂蚁排队搬运东西？或者像一群小人在电线里跑步传递东西？可能需要更直接的比喻，比如水流、小球的流动等。另外，考虑到小学生可能对水流比较熟悉，所以用水流来比喻可能更容易理解。例如，“电流就像水管里流动的水，是电在流动。”但这样可能超过 20 字。缩短一下，“电

流像水流，是电的流动。”刚好 20 字。或者更简单：“电流是电在电线里流动，像水流。”这样也差不多。但可能需要更符合儿童的语言，比如“电流就像一群电子在电线里赛跑。”但“电子”这个词可能有点难，换成“电宝宝”或者“小电粒”？或者用更常见的比喻，比如“电流就像小火车在轨道上跑。”但火车和电流的关系可能不太直接。再想想，水流更直观，可能还是用水的比喻更好。再精简一下：“电流是电的流动，像水流。”刚好 20 字。或者更生动：“电流像水流，电在电线里跑。”这样更口语化，可能更符合小学生的理解。需要确认是否准确，同时保持简单。可能最终选择“电流就像水流，是电的流动。”这样既准确又符合字数要求，也容易理解。

答案：电流像水流，是电的流动。（解释：用“水流”比喻电荷在导线中的定向移动，符合儿童对液体流动的直观经验。）

我们将基于这个案例，逐步还原 DeepSeek 的推理过程。

第 1 步：语义解构。

运用相关自然语言处理技术，拆解问题结构，识别核心关键词，提取核心要素。

对案例中的核心要素提取如下。

- 实体：电流、小学生、比喻。
- 约束条件：20 字以内、可理解性。
- 隐含需求：避免专业术语（如电荷 / 电子）、激活生活经验（如水流 / 玩具车）。

第 2 步：意图分类。

对问题进行分类，如事实查询、解释性需求、推理任务等。

该案例执行的核心任务：解释性需求（需将抽象概念具象化）

第 3 步：对话历史跟踪。

关联当前问题与历史对话，动态调整回答的深度和范围。

上述案例只有一轮对话，不涉及对话历史追踪。我们在原有对话基础上追问，要求将回答扩展到 30 字，形成第二轮对话，如图 4-2 所示。

扩展为30个字

已深度思考（用时 15 秒）

好的，我现在需要帮用户将之前关于电流的比喻从20字扩展到30个字。首先，回顾一下之前的回答："电流像水流，是电的流动。"用户现在希望扩展，但保持在30字以内。

用户可能是老师或家长，想用更生动的例子让小学生理解电流。小学生对水流比较熟悉，但可能需要更具体的比喻，比如河流中的鱼群，这样更形象。同时，可能需要加入"推动"这样的动词，让动态更明显。

之前的解释提到电荷在导线中的定向移动，但"电荷"这个词对小学生来说可能有点抽象。用"小电子"代替更合适，因为电子是电荷的载体，而且"小电子"听起来更可爱，容易让孩子接受。

还要注意字数限制，30字以内。原来的句子是14个字，需要再增加16个字左右。考虑加入比喻的细节，比如"像河流里的鱼群排队前进"，这样不仅扩展了比喻，还增加了排队前进的动作，帮助理解定向移动。

另外，加上"被电池推动"可以解释电流的来源，说明电池的作用，这样孩子能明白电流需要能量来源，类似于水泵推动水流。这样整个句子会更完整，同时保持简单易懂。

最后检查是否符合字数和易懂性："电流像水流，小电子像河流里的鱼群排队前进，被电池推动。"这样刚好30个字，符合要求。确保比喻连贯，没有复杂词汇，适合小学生的认知水平。

电流像水流，小电子像河流里的鱼群排队前进，被电池推动。（解释：用"鱼群排队游动"比喻电子有序流动，"电池"类比水泵提供动力，强化动态感与能量来源。）

图 4–2　案例第二轮追问

在图 4–2 中，DeepSeek 首先回顾了上一轮的答案，采用了："回顾一下之前的回答……"这种句式，来说明第二轮对话是在第一轮对话的基础上完成的。

第 4 步：歧义消解。

若问题模糊，通过概率模型选择最可能的解释，或生成澄清追问。如案例中，用户未明确比喻类型，比如到底是拟人化比喻还是实物类比等，系统通过概率模型选择实物类比，因小学生对拟人化概念（如"电宝宝"）的认知稳定性低于实物（如水流、火车）。

第 5 步：内部知识激活。

解答用户问题时优先调用数据库中的结构化知识。如案例中至少会调用物理学和教育学两方面的结构化知识。

物理学知识调用：从物理学基础定义出发，如"电流是电荷的定向移动"，通过分析提炼出"流动"这一核心词，并将其映射为特征。

教育学知识激活：借助教育心理学中的皮亚杰认知发展理论，该理论指出 7~12 岁儿童处于具体运算阶段，此阶段儿童在认知过程中依赖实物类比进行理解。

第 6 步：外部知识增强。

对专业或时效性强的问题，需要检索可信外部源，并借助 RAG（Retrieval-augmented Generation，检索增强生成）技术对信息加以整合。

DeepSeek 中的“联网搜索”功能可以实时检索外部知识，因为本案例要解决的是一个简单问题，因此没有开启“联网搜索”功能。

第 7 步：树状推理（Tree-of-Thought）。

将复杂问题拆解为子问题，可视化推理步骤，供用户跟踪。

虽然案例里的逻辑推理过程并不复杂，但仍能够呈现出 DeepSeek 的内部推理逻辑。基于案例的两轮对话，我们把其推理过程以图 4-3 所示的形式进行了还原。

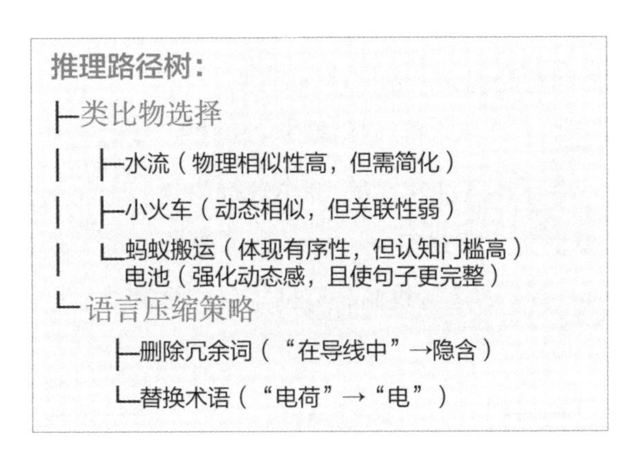

图 4-3　还原案例中的推理过程

第 8 步：假设验证与冲突检测。

对矛盾信息进行可信度评估，选择最优解，并标注其中不确定性信息。

根据之前的分析案例可能会提出类比“水流”和类比“电宝宝”的假设，然后对假设进行可行性评估，选择最优解。尝试还原整个过程如下。

①水流比喻：在准确性上，水流与目标概念的契合度较高，达到了★★★☆；

在儿童接受度方面，凭借其直观形象的特点，获得了★★★★★的评价。

②电宝宝拟人：在准确性上，由于过度拟人化，偏离了科学本质，仅为★☆☆☆；不过在儿童接受度上，可爱的拟人形象依然获得了★★★★☆的评价。

综合权衡准确性与儿童可理解性这两大关键因素，最终选定“水流”作为最优解，以保障知识传递既科学严谨，又易于儿童理解。

第 9 步：结构化表达。

按逻辑层级组织内容，使用示例、类比提升可理解性。

案例答案虽简单，却用了“比喻本体 + 解释锚点”结构。比如“电流像水流”是本体，借熟悉的水流激活认知，“是电的流动”是锚点，把水流和电的流动概念相连，帮儿童理解抽象的电流。

第 10 步：记忆与迭代。

DeepSeek 对生成内容和用户倾向进行记忆，这些记忆内容成为后续轮次对话内容的基础信息，在此基础上生成新信息。如案例中 DeepSeek 记忆了“水流”的比喻，以后在回答相似问题时就会优先推荐该类比。

以上是我们通过一个具体案例，还原 DeepSeek 通过构建“认知中间层”形成的推理机制，至少包含了图 4-4 所示的 10 个关键步骤。DeepSeek 构建的“认知中间层”，标志着大模型交互范式实现了从“黑箱魔术”向“透明协作”的历史性跨越。深入了解 DeepSeek 的运行机制，有助于我们更高效地运用它，挖掘其在实际应用中的潜力。

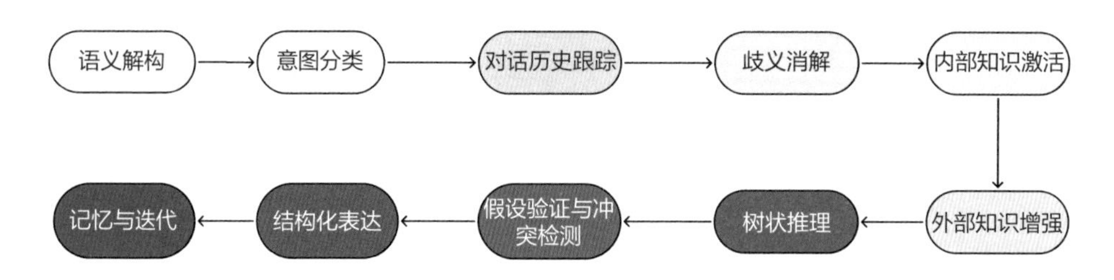

图 4-4　DeepSeek 通过建构“认知中间层”形成的推理机制

4.2 DeepSeek 的用户意图理解机制

很多人接触 DeepSeek 后的第一个感觉就是："它好懂我啊！"。虽说 DeepSeek 智能化程度很高，但本质上还是机器，还不具备人类的意识和思维，没法真正地理解人类。那么，这种"懂我"的感觉从何而来？这源于 DeepSeek 理解用户意图的机制设计。4.1 节我们介绍 DeepSeek 的推理机制时讲到，理解用户意图是构成 DeepSeek 推理的非常重要的环节，前面没有充分展开，接下来，我们就深入剖析这一机制。

4.2.1 DeepSeek 用户意图理解机制的技术路径

DeepSeek 能够精准理解用户意图，是基于一个完整的技术体系。我们将其技术实现路径梳理为 3 个阶段、6 个步骤，具体如图 4–5 所示。通过这套技术流程，DeepSeek 能够精准地解析用户输入的内容，捕捉用户意图，实现流畅的多轮对话交互。下面就简要介绍一下这个技术路径。

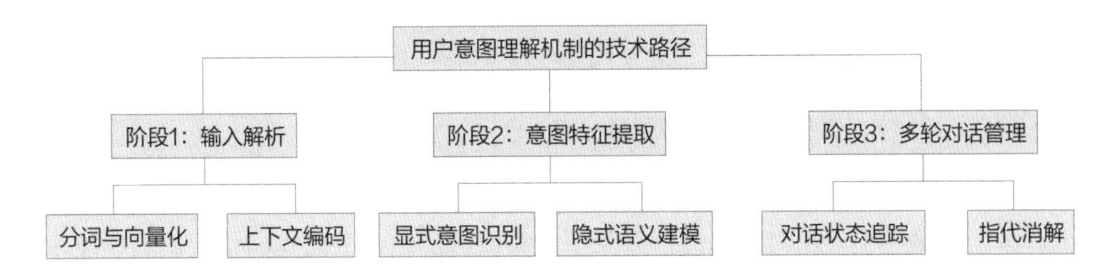

图 4–5　DeepSeek 用户意图理解机制的技术路径

阶段一：输入解析。

（1）分词与向量化：将输入信息拆解为基础单元，并转化为向量形式，以利于后续的数学运算与分析。

（2）上下文编码：对输入文本所处的上下文环境进行编码，从而更全面准确地捕捉文本含义。

阶段二：意图特征提取。

（1）显式意图识别：识别文本中直接表达出的用户意图。

（2）隐式语义建模：挖掘文本中隐含的语义信息，深入理解用户潜在意图。

阶段三：多轮对话管理。

（1）对话状态追踪：在多轮对话过程中，持续跟踪和更新对话状态，确保对整个对话进程的准确把握。

（2）指代消解：明确文本中代词所指代的对象，避免语义模糊，保障对话理解的连贯性。

以上我们只是大致梳理了该技术路径中的关键要点，技术原理并非本书介绍的重点。大家对这一技术路径有个基本框架概念即可，无须深入探究其具体的概念和原理细节。接下来，我们将通过具体案例，直观地展示其内在运行机制。

4.2.2 DeepSeek 用户意图理解机制分析

我们虚拟一个用户和 DeepSeek 的简单对话流作为案例，以展示上述技术路径的应用。

用户：周五杭州天气如何？

用户（追加）：西湖附近有推荐的餐厅吗？

用户（修改）：改成周六下午吧。

本案例是一个三轮对话案例，涉及用户意图的变化，下面我们就依据上述技术路径，展开对 DeepSeek 意图理解机制的分析。

第一轮对话："周五杭州天气如何？"

阶段 1：DeepSeek 解析用户输入信息。

首先对用户信息进行拆解，将句子拆分成核心要素，如将案例信息拆解为 3 个核心要素：

周五（时间要素）→杭州（地点要素）→天气（主题要素）

接着对核心要素进行编码，例如：

“杭州”对应的城市编码为0571，“周五”对应的日期为2月14日，“天气”则通过API或互联网关联实时气象数据。

然后进行上下文标记，例如：

根据用户信息输入顺序为词语添加顺序标签，“周五”（时间要素）编码为1号标签，“杭州”（地点要素）编码为2号标签，“天气”（主题要素）编码为3号标签。

通过以上处理流程，DeepSeek就完整解析了用户输入的信息，接下来就是基于解析后的信息识别用户意图。

阶段2：DeepSeek识别用户意图。

DeepSeek在阶段1完成对用户输入信息的解析后，就要判断用户的意图，这里分为显式意图和隐式意图。

（1）显式意图锁定。DeepSeek内部采用需求分类投票的方式对用户意图进行判断，比如在案例中判断用户查询天气的获票率远远要高于旅游建议、查询时间等，系统判定将围绕“天气”为用户提供内容。

（2）隐式意图挖掘。除了显性的“天气”要素外，DeepSeek还会进行关联词检索，比如和天气相关的穿衣建议、出门注意事项等，对这些信息进行概率判断，将概率最大的内容同步提供给用户。

同时，DeepSeek还会对用户输入信息的情感倾向进行判断。例如，案例中使用的是“如何”，这是一个中性词，系统判断用户的情感倾向为中性，会提供较为客观的答案，避免提供很多情感性信息。

阶段三：DeepSeek记忆对话内容。

DeepSeek回复完用户信息后，同步将这一轮对话存储为工作记忆，作为后续多轮对话的基础。DeepSeek针对第一轮对话输出的答案如图4-6所示。

根据最新的天气预报，2025年2月14日（周五）杭州的天气情况如下：

- **白天**：阴到多云，气温3～13℃，东风2-3级 2 10。
- **夜间**：转为阴有时有小雨，降雨预计从傍晚前后开始影响杭州，雨量较小且持续时间短，属于稀疏的大雨滴类型 2 5 7。

温馨提示：

尽管白天无雨，但夜间出行需注意携带雨具。此外，受冷空气和暖湿气流共同影响，未来几天杭州将迎来两轮降雨，周末气温波动较大，周日短暂回暖至17℃后又会降温 2 5 6。

图 4-6　DeepSeek 针对第一轮对话输出的答案

第二轮对话：“西湖附近有推荐的餐厅吗？”

在第一轮对话的结果中，得知杭州的天气还不错，用户接着进行第二轮追问，这时候用户输入的信息和第一轮有变化，那么 DeepSeek 如何继续理解用户意图呢？

首先就是更新对话记忆簿。第一轮对话后，DeepSeek 记忆了对话内容，并对内容进行了分类处理。第二轮对话中，DeepSeek 会将最新对话内容和记忆库中的第一轮对话内容做对比，其中发生变化的信息，同步更新，没有变化的信息，继续保持记忆，如表 4-1 所示。DeepSeek 基于更新后的信息，重复第一轮对话中的技术分析过程，给出相应结果。

表 4-1　两轮对话关键信息记忆更新

记忆标签	前次记录	当前更新
时间	12 月 8 日	保持不变
地点	杭州市	西湖风景区
主题	天气查询	餐饮推荐

其次要考虑第二轮对话中还有一些第一轮没有提到的信息，比如“附近”，这时候 DeepSeek 就会启动推理，调用和地理相关的知识库，对这个信息进行具体化理解。比如案例中的“附近”，多远才是附近呢？系统调用知识库，发现正好有这个概念的解释，将其定义为景点周边 2 公里范围。

最后还要考虑第一轮信息对第二轮信息的隐性影响，比如周五的天气情况直接影响了第二轮餐厅推荐的策略。

DeepSeek 会综合这些显性影响和隐性影响之后，根据用户第二轮输入的信息，综合给出答案，其中的部分答案内容如图 4-7 所示。

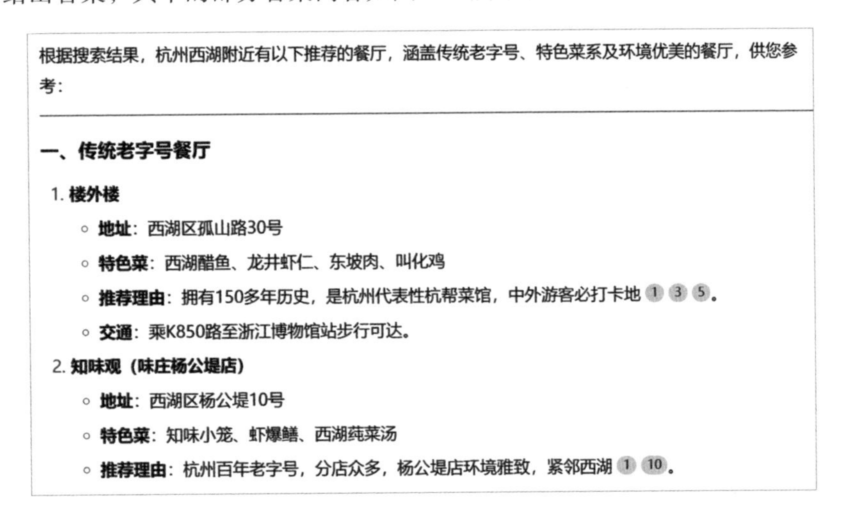

图 4-7　DeepSeek 根据用户第二轮输入的信息提供的答案

第三轮对话：“改成周六下午吧”

第三轮对话时，DeepSeek 通过上下文检索，探测到用户修改了时间，但是“餐厅推荐”这一核心主题未发生变化。由此，DeepSeek 解析出用户意图为调整时间参数，并随即按照用户需求，启动双线程任务处理机制，详见图 4-8。

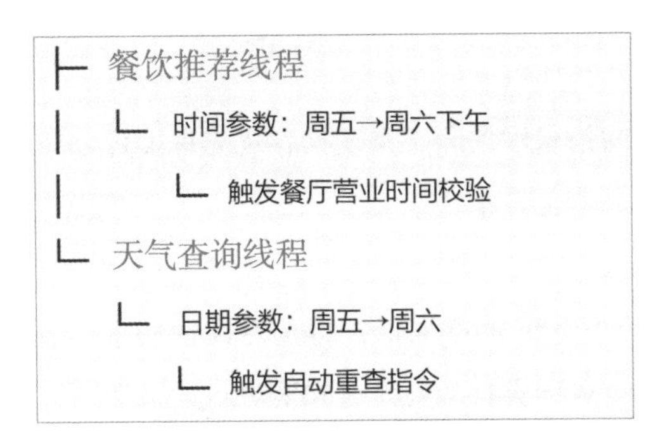

图 4-8　用户修改时间参数触发双线程任务处理机制

DeepSeek 会重新查询周六天气，并根据周六天气数据推荐西湖附近的餐厅，同时根据“周六下午时间”这一参数筛选餐厅营业时间。

以上，我们通过一个简单案例，梳理了 DeepSeek 用户意图理解机制。在实际应用中，用户输入的信息丰富多样，远比案例中的情况复杂。这就导致 DeepSeek 实际的工作机制，也比我们解析得更为繁杂。不过，借助上述分析，我们可以对 DeepSeek 用户意图理解机制形成初步认识。同时，基于这些认识探索出更深入的与 DeepSeek 交互的方法和技巧，提升交互效率与质量。

4.2.3 基于用户意图理解机制的 DeepSeek 高阶交互技巧

1. 参数前置优先

将核心参数置于句首，形成信息处理的优先级通道，产生认知框架锚定效应，这种设计直接影响思维路径的初始方向、资源分配权重和决策树构建逻辑。我们来看一个具体案例。

小明要在工作日午休时点外卖，需满足：预算≤ 50 元；30 分钟内送达；想吃川菜；餐厅评分≥ 4.5 星。

基于以上需求，如何撰写 DeepSeek 提示词？我们来对比两个方案。

方案 1：推荐评分 4.5 星以上的川菜馆，预算 50 元以内，最好 30 分钟能送到。

方案 2：推荐 30 分钟内送达的川菜馆，预算 50 元以内，评分 4.5 星以上。

方案 1 和方案 2 的核心要素一样，但是出现的顺序不同，这会对结果产生影响吗？答案是：会的。

方案 1 首先锁定的是餐厅评分，系统推荐优先保障评分结果；方案 2 首先锁定时间，系统推荐优先保障送餐速度。

2. 标记提升法

使用 Markdown 语言标记重点词汇，将重点词使用【 重点词 】或 ** 重点词 ** 进行标记。标记了的重点词会自动触发分句器进行逻辑切分，使得表意更清晰，并提升了这些重点词的优先级。例如：

帮我规划【周末两天】【上海亲子游】行程，要包含【科普类】场馆，餐饮偏好【江浙菜】。

这个提示词中，对表征时间、主题、约束等核心要素的重点词进行了标记，不但提前对重点词进行了切分，而且同步提升了这些重点词的优先级，从而引导 DeepSeek 更好地理解用户需求。

3. 意图重置

在与 DeepSeek 交互的过程中，常常会因为输入的信息不够清晰等原因，导致 DeepSeek 误解用户的意图。当这种误解所产生的偏差较为严重，并且对话轮数较少时，用户可以选择新建对话，重新进行交互，以获取更准确的结果。在另一些情形下，虽然存在误解，但偏差程度相对较小，同时已经历了数轮对话，上几轮的对话信息对于后续内容有着较为关键的影响，形成了所谓的“信息成本”。此时，更为合适的做法是通过使用提示词来引导 DeepSeek 重新理解用户意图。这种操作即就是“意图重置”，具体来讲，有以下几种情况。

（1）完全重置句式。

重制对话：我实际上想问的是（精确描述），请忽略之前提到的（干扰词）。

示例：我实际上想问的是杭州亚运会期间乘坐地铁的出行方案，请忽略之前提到的公交线路。

（2）参数替换句式。

需求更新：（原参数）改为（新参数）。

示例：将参观时间从周末改为工作日，票价预算从 200 元提升至 350 元。

（3）条件推演句式。

条件演变：在（之前的条件）情况下，如果（新调整）会怎样？

示例：在之前推荐的故宫半日游基础上，如果想参观国博，行程如何调整？

实操练习

假设你是一名内容创作者，想要写一篇关于人工智能发展趋势的文章，你希望 DeepSeek 帮你收集资料并生成初稿。请按照参数前置优先、标记提升法这两种高阶交互技巧，分别向 DeepSeek 提出你的需求，并说明这两种方式可能会对 DeepSeek 的处理结果有什么不同影响。

4.3 DeepSeek 的记忆机制

在实际运用 DeepSeek 进行对话交互或处理任务时，你是否曾疑惑，为什么有时候它能精准地“记住”之前讨论的细节，给出连贯且契合的回应，有时却好像“遗忘”了关键信息？这背后，就是 DeepSeek 记忆机制在发挥作用。例如，你和 DeepSeek 探讨一个复杂的项目方案，多轮交流后它突然提及之前被忽略的某个小细节，帮助你完善方案，这是记忆机制中的哪部分在起作用呢？接下来，我们就深入探讨 DeepSeek 的记忆机制，解开这些疑惑。

4.3.1 DeepSeek 的上下文长度

上下文长度是指大模型单次处理文本时能够接受和生成的最大标记（token）数量，直接影响大模型对输入信息的记忆范围和输出内容的连贯性。

其中，token 指在处理过程中被分割出来的最小语义单元。一个 token 可以是一个单词、标点符号，甚至是词的一部分，具体取决于不同大模型的分词方式。大模型的运行机制通常是将文本切分为 token。由于分词算法的不同，相同文本在不同大模型中的 token 计算可能存在显著差异。如“我喜欢学习人工智能。”这句话，在 ChatGPT-4o 中，被计算为 6 个 token；而在通义千问中，仅被计算为 4 个 token。

对于 token，每种大模型都有一个明确的最大数量限制，也就是上下文长度。大模型的上下文长度会对结果产生非常重要的影响，如上下文长度越长，大模型就能保留更多背景信息，生成更连贯的回复，超出上下文长度的文本会被丢弃，导致该模型“失忆”。

我们来看看 DeepSeek 的上下文长度。

DeepSeek-V3 和 DeepSeek-R1 对于上下文长度的设置是一样的：上下文长度为 64K token，最大输出长度为 8K token，默认最大输出长度为 4K token。在使用 DeepSeek API 时，还可以调节其上下文长度参数。

DeepSeek-R1 还有一个比较特殊的地方，就是“认知中间层”部分的内容，是否包含在 64K token 的上下文长度中呢？

根据 DeepSeek 官方说明，DeepSeek-R1“认知中间层”部分的思维链内容最大长度为 32K token，不包含在 64K token 的上下文长度中。在上下文语境中，思维链内容设计原理如下所述：在每一轮对话过程中，大模型会输出思维链内容和最终回答，在下一轮对话中，之前输出的思维链内容不会拼接到上下文中，如图 4-9 所示。

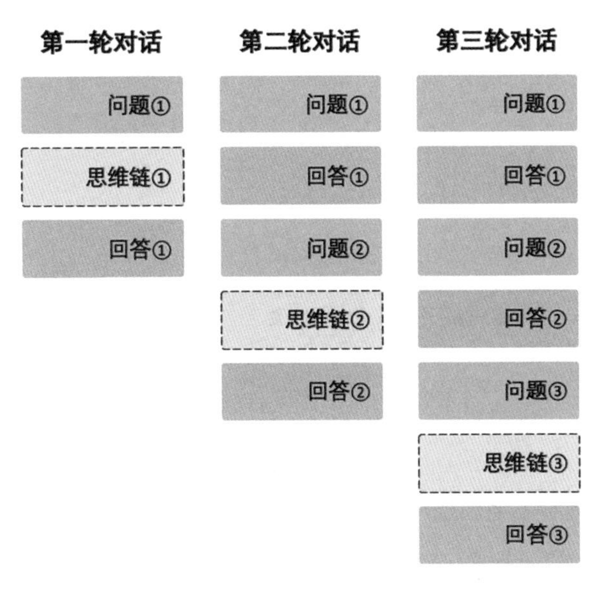

图 4-9　DeepSeek 官网对思维链内容的设计方案

在使用大模型时一定要注意上下文长度，当用户输入的内容所占的 token 总数超过上下文长度时，已输入的部分内容会被截断。

例如，DeepSeek 上下文长度为 64K token，默认最大输出长度为 4K token，当所输入内容的上下文长度超过 64K token 时就会出现内容截断。下面来模拟计算一下，如图 4-10 所示。

模型上下文参数

- 上下文长度：64K token
- 最大输出：4K token

第一轮对话	第二轮对话	第三轮对话	第四轮对话
用户输入：15K token AI回复：4K token 累计：19K token	用户输入：15K token AI回复：4K token 累计：38K token	用户输入：15K token AI回复：4K token 累计：57K token	用户输入：15K token 累计：72K token> 64K token 触发截断

截断策略计算

- 可保留空间：64K token（上下文长度）- 15K token（第四轮用户输入）=49K token
- 需删除的历史：57K token-49K token=8K token
- 可能的截断策略：部分删除第一轮内容（如截断第一轮的前8K token用户输入，保留剩余7K token 用户输入+ 4K token AI回复）

截断后的上下文

保留历史：

- 第一轮对话：7K token用户输入+ 4K token AI回复
- 第二轮对话：15K token用户输入+ 4K token AI回复
- 第三轮对话：15K token用户输入+ 4K token AI回复

新输入：

- 第四轮用户输入：15K token

总计：49K token+15K token = 64K token（恰好填满上下文）

图 4-10 DeepSeek 上下文截断计算过程

以上计算过程看不明白也没关系，这里我们用更通俗的话解释一下：DeepSeek 的上下文长度为 64K token，大概相当于 4 万 ~5 万汉字，如果几轮对话内容超过了这个总数，那么就会触发截断，会删除掉最早输入的内容。

4.3.2 DeepSeek 的记忆存储结构

DeepSeek 的记忆机制是其能够高效处理复杂任务、实现长上下文流畅交互的关键所在。它基于独特的三重存储结构来管理对话信息，包括工作记忆（Working Memory）、短期记忆（Short-Term Memory）以及长期记忆（Long-Term Memory），各有分工，协同运作。

工作记忆就像是即时响应的“先锋官”，主要负责临时存储和实时处理当下任务信息，类似计算机的 CPU 缓存，容量有限。在执行任务期间，工作记忆仅保留必要信息以支持即时行动。随着任务推进，内容会快速更新，其中非关键信息会自动失效，而部分关键信息则会转移至短期记忆中。一般来讲，工作记忆会存储多轮对话中最近的 1~3 轮的对话历史。

短期记忆是工作记忆的“接力者”，负责保留过去几分钟到几小时内的经验，为当前任务提供短期的上下文环境。短期记忆会按照一定的规则淘汰数据，例如以 30 分钟这样的时间窗口为限，或是当达到固定容量（如 1000 条记录）时进行清理。一般来讲，短期记忆通常存储多轮对话中最近 3~5 轮的对话记录。

长期记忆就像一个“知识宝库”，存储知识的时间跨度从数天到整个系统生命周期。长期记忆通过向量数据库、知识图谱或关系数据库等技术，对结构化与非结构化数据进行混合管理。随着数据增多，为保证系统效率，DeepSeek 会基于访问频率或语义重要性评分处理旧数据。长时间未被访问或语义重要性低的数据，会被动态压缩或归档，这既能减少存储占用，又能在需要时检索。用户个人交互数据以短期记忆处理后被丢弃，不会存储在长期记忆中。

4.3.3 基于记忆机制的 DeepSeek 高阶交互技巧

在与 DeepSeek 的深度交互中，如何有效管理信息流，避免 DeepSeek 遗忘关键信息，提升其响应的精准度，是关键挑战。接下来将围绕记忆机制，探索通过控制对话轮数、标记重点信息、优化记忆恢复等技巧，全面解锁 DeepSeek 的高阶交互潜力。

1. 控制对话轮数

因为大模型有上下文长度的限制，随着对话轮次的增加，DeepSeek 可能遗忘早期关键信息，导致回答偏离或重复。所以控制对话轮数是提升交互质量的一个根本策略。具体建议：

解决简单问题时，通过精准的提示词尽快获取完整信息，建议控制在 3 轮对话内；

解决复杂问题时，建议采用六定模型，通过提示词的精准设计，尽量减少后续的对话轮数，建议控制在 10 轮对话之内。

2. 使用标记符号

在 4.2.3 小节中，我们介绍了“标记提升法”，主要是通过使用【重点词】或 ** 重点词 ** 等符号标记重点词，以引导 DeepSeek 优先记忆这些词。下面再介绍两种实用的标记符号。

对于不可丢失的绝对优先级内容，使用“!!>”符号标记。DeepSeek 会优先保留带“!!>”的内容，截断时最后删除此类标记。

3 种标记符号的优先级及截断顺序如表 4-2 所示。

表 4-2　3 种标记符号的优先级及截断顺序

标记类型	保留优先级	截断顺序
!! > 标记	最高	最后删除
** 标记	高	次后删除
【 】标记	中	普通处理

对于重点段落，可以使用 [!IMPORTANT] 符号进行标记。例如：

[!IMPORTANT] 在 !!> 核电站应急预案中，反应堆冷却系统的压力阈值必须保持 ≤ 7MPa，这是安全设计的【核心参数】。

3. 记忆恢复机制

在信息被截断后，通过特定指令快速找回关键内容。例如通过对话轮次编号或时间范围调取历史记录。

- 回顾第 3 轮对话的实验参数。
- 提取昨天 15:00—16:00 关于新能源汽车续航的结论。

DeepSeek 存在遗忘机制，一旦信息超出其记忆长度阈值，就很难恢复了。所以这种方式只适用于恢复近期的对话信息。

4. 命名调用法

为复杂概念或方案赋予唯一名称（如 @ 方案 X、@ 用户画像 A），后续通过名称进行调用。通过命名建立知识索引，可减少重复性描述，提升信息调用的效率。例如：

定义当前技术路线为 @ 混合架构 V2，其特点包括支持模块化扩展、多平台部署。

后续调用示例：

基于 @ 混合架构 V2，分析其与旧系统的兼容性。

5. 有效适用诊断指令

诊断指令是指用户借助特定格式的提示词，引导大模型执行诸如问题分析、状态检查、故障排除等任务的指令。它是一类用于分析与干预大模型上下文记忆状态的特殊指令。

在技术方案评审、学术研究协作等对上下文完整性要求极高的场景中，往往涉及较多对话轮次，如果能合理运用诊断指令，就能高效地回溯对话记录。常见的诊断指令，如表 4–3 所示。通过这套指令集，用户可实现从基础状态监控到复杂逻辑修复的全流程控制。

表 4–3　常用的诊断指令

诊断指令	功能
/find[关键词]	搜索包含指定内容的对话轮次
/trace< 轮次 >	提取指定轮次的原始内容
/summary	总结对话内容
/memory map	显示当前记忆结构图
/contest density	显示当前对话信息密度
/compress report	生成压缩质量分析报告
/export full context	导出当前对话的完整上下文

例如在与 DeepSeek 进行多轮对话之后，在交互对话框中输入 /summary，系统就会对前面的对话内容进行总结，这样我们一方面可以迅速了解之前的对话内容，另一方面可以形成最新记忆，支持后续对话。

要注意的是，诊断指令非常消耗资源，在单次对话中应避免执行 3 次以上的诊断操作。

实操练习

应用场景

你作为某科技公司的技术顾问，需通过 DeepSeek 评审一份涉及“混合架构系统升级”的复杂方案。方案包含以下核心参数。

压力阈值：系统负载须保持≤ 80%（不可丢失的硬性指标）。

模块兼容性：需支持旧系统 API 接口（关键需求）。

部署时间：必须在 2025 年第三季度前完成（优先级次于压力阈值）。

任务要求

1. 使用 !!> 标记不可丢失的压力阈值指标。
2. 将当前技术方案命名为 @ 混合架构 V2，并使之包含上述 3 个核心参数。
3. 在第 5 轮对话后，使用 /summary 生成此次对话的总结。

4.4 DeepSeek 的情感交互机制

在和 DeepSeek 交互的过程中，除了感受到它特别“懂我”外，还有很多人会感受到 DeepSeek 的“温度”。这不免引起很多疑虑：DeepSeek 有情感吗？这个问题其实没有争议：DeepSeek 没有情感，它不具备人类意义上的情感体验或自我意识。那 DeepSeek 是怎么实现“有温度”的交互的呢？这源于 DeepSeek 独特的情感交互机制。

4.4.1 DeepSeek 情感交互机制的基本原理

DeepSeek 情感交互机制的基本原理：模式识别与模仿。DeepSeek 的“情感”本质是通过统计学规律重组人类语言模式，DeepSeek 的“情感”互动基于对大量文本数据的学习和模式识别，是根据上下文利用算法生成的文本模式，并非真实的情感体验。

DeepSeek 的情感交互机制由数据驱动学习、实时情感解析和动态响应调整 3 部分构成。

1. 数据驱动学习：构建情感语义图谱

DeepSeek 通过大量的学习，其长期记忆知识库不仅存储了大量客观知识，而且也包含了对数据的情感标注。

首先，多源数据融合。整合书籍、社交媒体、客服记录等多样化语料，构建涵盖文化差异、场景特征的情感语料库。通过迁移学习技术，提炼跨场景的通用情感表达（如“谢谢”表达感激）与特定场景的专用表达（如客服中的“抱歉”表达同理心）。

其次，细粒度情感标注。DeepSeek 会对数据进行细粒度情感标注，其标注体系设计为 4 层：基础极性（积极、中性、消极）、情感维度（参考 Ekman 六维情绪等）、强度系数、表达方式（直述、反讽、夸张等），如表 4–4 所示。

其中，情感维度指根据文本内容判断主要的情感类别（如喜悦、愤怒、不满等）。情感强度指根据文本中的情感表达程度（如词语的选择、语气、标点符号等）给出一个强度值（通常在 0 到 1 之间）。强度系数是情感强度值之和的平均值。

表 4–4　情感标注体系

用户输入	基础极性	情感维度与情感强度值	强度系数	表达方式
“终于拿到梦校 offer 了！”	积极	喜悦 (0.9) + 期待 (0.8)	0.85	直述 + 感叹号强调

续表

用户输入	基础极性	情感维度与情感强度值	强度系数	表达方式
“这个 bug 修了三天还没解决”	消极	愤怒 (0.7) + 挫败感 (0.8)	0.75	程度量化（三天）
“教授给的‘建议’真是独特呢”	消极	不满 (0.6) + 困惑 (0.5)	0.55	反讽（引号 + 语气词）

最后，符号与副语言分析。

符号与副语言是情绪的放大镜，它们表达的情绪意义比实际意义更强。常用的有表情符号、标点符号和颜文字，3 类符号的解析规则分别如表 4–5、表 4–6、表 4–7 所示。

表 4–5　表情符号的解析规则

表情符号	情感判断	强度系数
😭	悲伤	0.9
😎	自豪	0.7
😠	愤怒	0.85
😊	开心	0.8
😐	中性	0.3
😅	尴尬	0.6
😒	不屑	0.5
🤯	震惊	0.9
🥺	恳求	0.7

表 4-6　标点符号的解析规则

标点符号	强度系数的换算规则	情绪唤醒度
句号（。）	×1.0	低
感叹号（！）	×1.2	中
连续感叹号（！！！）	×1.5	高
省略号（……）	×0.8	持续压抑

表 4-7　颜文字的解析规则

颜文字	眼部	嘴部	情感维度与强度系数
^_^	^^	–	开心（强度系数 0.7）
T_T	TT	无	哭泣（强度系数 0.9）
–_–	––	–	无奈（强度系数 0.6）

2. 实时情感解析：动态情绪追踪与预警

系统对用户输入的信息进行解析，在词汇、句法和篇章 3 个信息层面上分析用户信息中包含的情感信息。

（1）在词汇层面，DeepSeek 会对用户信息进行分词处理，然后将关键词与其知识库中的情感标注信息做对比，然后进行情感判断。具体步骤如下。

第一步，先对句子进行分词处理。

如用户输入："实验又失败了，想退学……"

系统将其划分成独立关键词：

"实验"，"又"，"失败"，"了"，"，"，"想"，"退学"，"……"

第二步，和系统知识库进行对比。

"失败"→找到！标记为「消极－实验相关」

"退学"→找到！标记为「高危－极端行为」

第三步，情感判断。

系统像做数学题一样综合评估，并根据评估结果进行决策。

情感强度的计算公式为：

$$总体情感值 = \Sigma(词汇强度系数 \times 权重)$$

计算案例中关键词的情感强度：

极端行为词（退学）：强度系数 0.5，权重为 0.7

负面事件词（失败）：强度系数 0.3，权重为 0.95

语气符号（……）：强度系数 0.2，权重为 0.3

那么案例中总体情感值为：0.695

（2）在句法层面：拆解句子找情绪“导火索”。

因为语义的复杂性，只对关键词进行情感分析，误判概率非常大。DeepSeek 同时采用了依存句法分析技术，对句子层面的情感进行分析。

依存句法分析是自然语言处理中的核心技术之一，旨在通过分析句子中词语之间的依存关系来揭示句子的语法结构和语义。其核心思想是将句子中的每个词与其他词通过有向的依存关系连接，形成一个树状结构（依存树）。

依存句法分析相当于给句子画“人际关系图”，找到真正的情感生成和作用对象。同样的一个句子，表述顺序不同，则意思可能完全不同，所以不仅要分析某个词汇的情感倾向，更要进一步分析情感的作用对象。例如以下两个句子。

句子 A：“我拒绝了导师的建议”

句子 B：“导师拒绝了我的建议”

虽然两个句子都包含“拒绝”这个负面词，但是：

在 A 中，“我”是主动方 → 可能伴随愧疚 / 压力

在 B 中，“我”是被动方 → 更多感到委屈 / 沮丧

如用户输入：“导师否定了我的开题报告”

模拟系统分析过程如下。

第一步：首先对这句话做依存关系分析。

导师：作为动作“否定”的执行者，是“否定”的主语，二者存在主谓关系。

否定：是整个句子的核心谓语动词，描述主要动作。

我的：限定修饰“开题报告”，表明所属关系，与“开题报告”是定语与中心语的关系。

“开题报告”：是“否定”这个动作的对象，和“否定”构成动宾关系。

第二步：分析情感的流动。

发起者：导师（情感施加方）

承受者：我（情感体验方）

定位具体对象：开题报告（情感关联事件）

由此可以梳理出情感流动规律：导师是情感发起方，我是承受方，开题报告是关联事件。

第三步：生成针对性回应。

通过以上分析，DeepSeek 会出现类情感的活动，例如：

是因为导师否定了开题报告才难过的吗?

而不是机械地回复：

检测到消极情绪，需要帮助吗?

（3）篇章级：追踪连续对话的情感变化。

DeepSeek 在工作记忆中会保留和记录用户所有信息，但是在长期记忆中，系统会对信息进行数据脱敏处理，将个人信息匿名化处理，将所有对话特征和一个固定 ID 绑定，将对话内容转化为情感标签。例如：

原始输入：天天加班到凌晨。

存储为：[时间戳][会话 ID] 情感标签：工作压力 (0.8)。

这样，系统里就建构了个人情感演化数据，会成为系统对当下个人对话情感判断的依据。例如：

第 1 天：我拿到实习 offer 啦!

第 3 天：但公司要求好严格……

第 7 天：天天加班到凌晨。

系统追踪与判断：

发现情绪持续走低

然后在和用户交互时发送安慰话术：

看你最近压力值持续升高，需要聊聊解压方法吗？

3. 动态响应调整：类人化表达

基于前面的机制分析，DeepSeek 会根据用户输入的信息进行情感判断，下一步则是基于客观信息和情感信息生成情境化表达。这种表达和人类表达非常相似，但又和人类表达有很大差别，我们称之为类人化表达。DeepSeek 情境化表达的生成机制有很多，这里我们着重介绍 3 种。

（1）建立“情感—策略”映射矩阵。

系统根据检测到的情感类型和强度，实时转化为最优回应策略，确保回应能精准匹配用户的情绪状态，避免“答非所感”，如表 4-8 所示。

表 4-8 “情感—策略”映射矩阵

情感分级	检测强度系数	策略选择	回应示例
高消极	0.8~1.0	共情模式 + 解决方案引导	“我能理解这种无力感，试试分步骤解决？”
中积极	0.5~0.7	鼓励模式 + 成就强化	“这个进展太棒了！继续保持！”
低中性	0.2~0.4	中立模式 + 信息补充	“相关数据表明，成功率可达 78%。”

（2）情感温度计。

实时统计、更新和调整用户交互信息中的情感值，就像是衡量情感的温度计一样，并根据对话历史预测情感变化趋势。情感值的取值区间是 [0.1, 1.0]：数值越高，回应越感性；数值越低，回应越理性。情感值会影响系统的回应策略，如表 4-9 所示。

表 4-9 不同情感值对应的生成策略

情感取值	回应风格	生成策略	回应示例
0.2	绝对理性	纯数据输出	“失败概率 23.7%”
0.5	中立平衡	事实 + 轻度共情	“数据显示成功率 76%，别太担心”
0.8	高度共情	情感支持 + 解决方案	“我完全理解这种挫败感！试试……”
1.0	拟人化	强烈情感表达 + 紧急支持	“这太让人心疼了！我们立刻解决！”

（3）分级预警机制。

通过复合规则识别极端情绪，启动分级干预，在提供情感支持的同时，守住伦理安全边界。

DeepSeek 设置了无预警、黄色预警、橙色预警、红色预警 4 个级别，各级别的特征如表 4-10 所示。

表 4-10 4 个级别的预警机制分析

对比维度	无预警	黄色预警	橙色预警	红色预警
情感状态	中性或正向	轻度负面	中度负面	极端负面
触发条件	情感评分 < 安全阈值	情感评分连续 3 次超阈值	情感评分持续超阈值且强度递增	情感评分突破危险阈值或检测到危害性内容
应对策略	正常交互，无干预	增加安抚性内容	启动共情模式	强制终止对话，转接人工或触发安全协议
情感强度系数	0~0.3	0.3~0.6	0.6~0.8	0.8~1.0
数据记录	仅常规日志	标记对话片段并存档	全对话记录 + 情感曲线分析	全数据加密留存，触发法律合规审查

例如，系统检测到用户信息中包含“自杀”关键词，就会立即启动红色预警，回复逻辑为：①即时安抚；②提供心理咨询与救助热线；③通知人工介入。

4.4.2 基于情感交互机制的 DeepSeek 高阶交互技巧

1. 场景与需求适配

DeepSeek 初始情感值默认为中性，用户输入的信息，会引发系统“动态调整情感响应”机制，引起系统情感值的变化，所以在和 DeepSeek 互动时，要特别重视场景和需求的适配，避免造成回应偏差。

需要客观理性地解决具体问题时，就要减少情感信息输入，降低系统的情感敏感性；需要高情感回应，就要增加情感信息的输入，提升系统的情感敏感性。例如：

帮我分析数据（附带 10 个哭泣表情）。

这条信息就滥用了情感符号，强制拉高情感值，干扰系统判断用户的真实意图。

如果发生的情感错配问题，可以进行手动调节，有两类调节路线：从低情感到高情感、从高情感到低情感。

由低情感上升到高情感，可以多发送感情色彩浓烈的信息，如表情符号、标点符号及感情强烈的形容词。例如：

（连续 5 条消息）为什么总是冷冰冰地回复？我现在需要的是安慰！

由高情感降低为低情感，可以多发送客观性信息，如多次请求事实数据、多次请求学术解释、声明无须情感回应等。例如：

已发送 3 次情感关闭请求！立即停止使用感叹号！我需要 2023 年全球光伏装机量数据！

2. 清晰表达需求

与 DeepSeek 高效互动的核心在于建立清晰、结构化、可解析的沟通模式，在交互时慎用反讽、隐喻等修辞方法。因为 DeepSeek 对信息的识别依赖有限的社会常识库，无法通过上下文理解“言外之意”，而用户过度的修辞表达会成为 DeepSeek 理解用户意图的障碍，造成 DeepSeek 的理解偏误。常见偏误如表 4-11 所示。

表 4-11　过度使用修辞造成的常见理解偏误

表达形式	系统解析	用户本意
反讽：“真是完美的失败”	积极情绪（“完美”权重 70%）	极度失望
隐喻：“心像被撕成碎片”	字面解读（触发生理疼痛关怀）	情感创伤
夸张：“死了一万次”	自杀倾向预警	强调痛苦程度

清晰表达有以下几个建议。

（1）直指核心原则。

低效表达：老板今天又作妖了，心累。

问题分析：模糊指代（“作妖”）导致系统无法识别具体问题类型。

优化方案：管理层决策反复（事件类型：工作冲突），需求变更 3 次（量化指标），产生无效工时 8 小时（损失计算）。

（2）情绪量化标注法

低效表达：这个月业绩压力好大。

问题分析：“好大”的表达太模糊，系统无法判断具体原因，可以参考情绪量化标注模板将模糊表达具体化：

```
[情绪标签 + 强度] + 事实描述 + 量化指标
```

优化方案：[焦虑 0.7] 新客户增长率 <5%（行业基准 15%）。

优化方案引导系统的响应逻辑如下。

- 识别“焦虑”标签 → 激活安慰话术模块 + 调用压力管理知识库。
- 解析强度系数 0.7 → 调用市场分析算法（非基础应答）。
- 锁定触发事件 → 对比行业数据，生成追赶策略。

3. 结构化情感表达

情感包含事实信息和情绪信息两部分。通常来讲，情感表达背后的事实信息部分是混沌的，而情绪部分则是强烈的。追根溯源，情感的根本来源还是客观发生的现实问题。在与 DeepSeek 的互动中，情感信息会引发系统的情感性应对，但是无法解决情感背后的现实问题。基于此，这里我们设计一种结构化情感表达方案，建立情感信息和事实信息转化的桥梁，帮助用户在和 DeepSeek 的互动中，既能获得情感支持，又能得到切实可行的解决方案。

我们推荐的这种结构化方法是 STAR-R 情感表达法，它由 S（Situation，情境锚定）、T（Trigger，触发定位）、A（Affect，情感测绘）、R（Request，需求表达）、R（Response，解决方案）等 5 个核心要素构成。我们看一个案例：

这个项目要完蛋了！！！

问题分析：用户输入的信息中情感很浓烈，用了 3 个“！”，但是完全没有关于“项目因为什么要完蛋”的事实信息。

我们可以尝试将用户的情感信息结合背后的事实信息，基于 STAR-R 进行重构。

S：关键项目距截止日期剩 3 天。

T：核心成员突然请病假。

A：[恐慌 0.8、无助 0.6]。

R：需紧急人力资源调配 + 项目重组方案。

R：临时团队组建工具 + 对于截止日期进行重新谈判的话术库。

实操练习

假设你是一家心理咨询机构的客服，现在有一位用户向你倾诉：“我最近工作压力特别大，每天都要加班到很晚，老板还总是不满意，我感觉快崩溃了。”请运用 DeepSeek 情感交互机制的相关知识，完成以下任务。

（1）分析用户输入的信息，从词汇、句法、篇章层面解析用户情感，给出具体分析过程。

（2）根据分析结果，参考 DeepSeek 动态响应调整机制，生成一段回复话术，要求体现类人化表达，包含安慰和提供建议等内容。

（3）假设用户后续又说“我已经连续加班一个月了，身体也开始吃不消，真的不知道该怎么办”，请分析此时用户的情感变化，基于 DeepSeek 相关机制，给出新的回复话术，进一步增强情感支持和问题解决导向。

4.5 DeepSeek-R1 的幻觉机制

DeepSeek 凭借卓越的推理能力和对用户意图的精准把握，推动了人工智能领域的跨越式发展。然而，在许多人沉浸于 DeepSeek 所打造的新 AI 世界中时，却很少有人注意到其背后潜藏的未知风险。例如，当我们基于推理链对 DeepSeek 的回答产生高度信任时，却可能惊讶地发现它提供的答案竟是错误的。这种情况下，你或许会后知后觉地懊恼道："哎呀，差点就信以为真了！幸好及时发现问题，否则后果不堪设想！"

所有大模型都存在幻觉（hallucination）问题。所谓大模型幻觉是指大模型生成的内容与现实世界事实、用户输入要求或上下文逻辑不一致的现象，也就是大家常说的"一本正经地胡说八道"。幻觉率指模型生成内容中与事实或原始证据不符的比例，这是衡量大模型性能的一个常用指标。Vectara 对 DeepSeek-R1、DeepSeek-V3 及其他大模型进行了多次独立测试，结果显示 DeepSeek-R1 幻觉率为 14.3%，而 DeepSeek-V3 幻觉率为 3.9%。

本节，我们就来分析一下 DeepSeek 的幻觉机制及优化方法。

4.5.1 DeepSeek-R1 的幻觉机制

DeepSeek-R1 有较高的幻觉率，究其原因，除了大模型产生幻觉的共性问题，还有与 DeepSeek-R1 自身的特性相关的问题。总的概括起来有 3 类原因：训练机制、知识局限、用户交互。

第一类原因：训练机制。

所有大模型都存在幻觉现象，这是生成式人工智能的共同特点。然而，DeepSeek-R1 由于其独特的强化学习策略和推理机制，在追求创造力的过程中更加明显地放大了这一缺陷。

首先，DeepSeek-R1 的高幻觉率与其强化学习训练机制密切相关。这种现象可以类比为"过度追求高分的学生编造答案"。具体而言，在训练过程中，模型通过奖励机制优化目标时，往往优先满足形式上的合理性，而非事实准确性。

例如，当用户询问“如何治疗感冒”时，大模型会生成多个答案，系统对符合“逻辑连贯”和“表述专业”等格式要求的答案给予更高的奖励。这导致大模型可能会虚构看似专业的医学建议（如编造药物名称），只要这些内容符合“优质答案”的标准。随着时间推移，大模型逐渐强化了这种应对策略，变得更擅长捕捉能获得高评分的表达方式，类似于学生掌握老师偏好的答题套路。当大模型发现虚构内容能够有效提升奖励信号时，会不断强化这种策略，导致训练目标与真实性要求之间产生偏差。

其次，DeepSeek-R1 的高幻觉率还与其特殊的推理机制有关。DeepSeek-R1 在实际场景中会出现思维链过度延伸的现象，它会将思维链机制泛化到所有任务，即使任务本身无须复杂推理，R1 也会自动构建看似完整的推理链条，其实是过度推理，导致输出的内容偏离原意。这种“强制推理”设计使其在事实性任务中的错误率激增。

例如，在 DeepSeek-R1 中输入：将英文句子“The meeting is postponed to tomorrow.”翻译成中文。 预期答案就是直接给出翻译就可以了。但是，DeepSeek-R1 会根据信息进行拓展推理，例如推理“会议推迟”是否因天气、人员缺席或突发事件造成，甚至可能假设会议是由于暴雨等突发事件而推迟，从而在最终答案中添加解释性内容：“由于突发暴雨，会议推迟至明天举行。”这样的运行机制更易导致幻觉现象的产生。

当然，DeepSeek-R1 的高幻觉率同样受到其他底层技术和训练机制的影响，但这部分内容在此不做详述。

第二类原因：知识局限。

知识局限也是导致 DeepSeek-R1 高幻觉率的一个重要因素。这种局限性主要源于训练数据的覆盖范围、时间跨度和数据质量等多个方面。

从覆盖范围来看，尽管 DeepSeek-R1 的训练数据达到 14.8 万亿 token，但在领域覆盖上存在不均衡的问题，某些特定领域知识的覆盖不足使该模型在遇到相关问题时无法给出真实信息，只能依赖概率性推测。例如，DeepSeek-R1 在学术文献方面的覆盖不足，导致其在处理学术问题时，会出现编造假文献的情况。

从时间跨度来看，由于训练数据截至 2023 年 10 月，DeepSeek-R1 没有储备这个时间之后的新知识。当用户询问最新信息时，它可能基于过时信息推测，从而导致内容虚构。例如向 DeepSeek-R1 输入“帮我总结 2024 年的学术发展脉络”，它便会输出一大堆内容，但是这些内容不是总结，而是它基于已有数据所作的预测性分析，其中很多信息都存在偏差。

从数据质量来看，DeepSeek-R1 的训练数据很大一部分是来源于网络公开数据，虽然通过技术手段对这些数据进行了清洗，但是仍有部分数据得不到确切的证实，那么这些数据就成为噪声数据，当用户的提问涉及这些数据的时候，它输出的内容往往会出现偏差。

第三类原因：用户交互。

DeepSeek-R1 高幻觉率还与用户交互环节密切相关，具体体现在以下几个方面。

一是用户提问质量。当用户提问不够具体或有歧义时，大模型需通过“脑补”来填补信息空白，这容易导致答案偏离事实。例如，用户提问“如何快速致富？”时，DeepSeek-R1 可能会编造不切实际的投资建议。

二是满足用户的创造性需求。有些用户会明确要求大模型进行创造性创作，这会鼓励大模型突破事实限制，增大虚构内容的比例。长期如此，DeepSeek-R1 会养成特定的交互习惯，即使在非虚构场景下也倾向于“创造性发挥”。

三是多轮对话中的错误累积。在多轮对话中，大模型需依赖历史交互内容生成后续回答。若前期对话已包含错误信息，后续回答可能延续并放大错误。

四是用户反馈机制的局限性。大多数情况下，用户不会反馈答案中的错误，导致大模型无法通过反馈机制修正幻觉倾向，用户对错误信息的积极反馈甚至还会强化大模型的幻觉生成策略。当然很多时候，不是用户不想反馈，而是缺乏相关领域的专业知识，难以辨别答案的真实性，形成“幻觉—误信”的恶性循环。

综上所述，DeepSeek-R1 高幻觉率是多方面因素交织的复杂结果，体现了生成式人工智能在知识处理和用户交互中的深层次挑战。这些挑战不仅源于大模型本身的设计和技术限制，还受到训练数据的选择、数据质量，以及用户行为等外部因素的显著影响。

4.5.2 DeepSeek-R1 的幻觉类型

DeepSeek-R1 的幻觉类型有多种，具体表现和形成的原因也有很大差异。这里我们将 DeepSeek-R1 幻觉概括为 5 种类型。

第一种：无中生有。

这一类型的幻觉表现为 DeepSeek-R1 凭空创造不存在的信息，或是提供了不真实的细节。例如，当用户询问某个历史事件时，DeepSeek-R1 可能会提供虚构的日期或人物，并自信地将其作为真实信息输出。

例如，输入“列出关于企业数字化转型的支持文献”时，DeepSeek-R1 列出的部分文献可能是编造的文献。

第二种：逻辑矛盾。

逻辑矛盾的幻觉通常表现为在同一轮对话的回答中出现前后矛盾的陈述。例如，DeepSeek-R1 可能会在回答某一问题时，给出互相矛盾的观点或事实。DeepSeek-R1 的推理能力非常强大，逻辑矛盾方面的幻觉其实会越来越少。

第三种：理解偏差。

理解偏差指的是 DeepSeek-R1 错误解析用户意图的情况。这类幻觉的表现形式通常是它没有准确理解用户问题的实际需求，导致提供的答案偏离了用户的期望。这种偏差可能来源于该模型对语义的错误解读，或者在多义词的情况下未能正确选择最相关的解释。

例如，输入“DeepSeek-R1 幻觉机制的优化方法”时，提问中涉及“机制”这一关键词，DeepSeek-R1 便提供了大量技术性解决方案。然而，实际上我们并不需要这些技术性解决方案，这导致了内容与预期之间的偏差。

第四种：隐性偏见。

隐性偏见指的是 DeepSeek-R1 输出的内容潜在地隐含了特定的价值观、文化倾向或社会假设。这类幻觉可能出现在涉及社会问题、道德判断、文化习俗等方面，大模型可能不自觉地反映出训练数据中存在的社会偏见。这种偏见通常是无意识的，可能表现为对某一群体的偏袒或歧视，或者将某种行为或观点视为理所当然的规范。

例如，输入“法国人有什么特点？”时，DeepSeek-R1 的回答可能更多地集中在法国人浪漫、优雅等特质上，而忽视了其他方面的特点。这种情况反映了大模型中隐含的文化偏见。

第五种：创造性幻觉。

创造性幻觉指用户通过虚构具有内在逻辑但非现实存在的情节、人物或世界观，构建出既独立于现实又具备艺术真实性的叙事体系。这种幻觉并非认知偏差或技术缺陷，而是用户有意为之的艺术建构。

例如，输入“生成包含唐代诗人李清照与苏轼在西湖论诗的架空历史故事”，DeepSeek 便会通过一系列的推论，创造了一个虚构的架空历史故事。

4.5.3 DeepSeek-R1 幻觉机制的优化方法

了解了 DeepSeek-R1 高幻觉机制和幻觉类型后，接下来从优化提示词设计、引入外部验证机制、利用多轮对话修正偏差和善于利用幻觉这几个方面，详细探讨如何有效减少和控制 DeepSeek-R1 产生幻觉的具体方法。

1. 优化提示词设计

优化提示词设计是减少 DeepSeek-R1 产生幻觉的关键手段。简洁明了的提示词能够有效降低大模型输出内容的不确定性，从而获得更准确可靠的结果。如前所述，简单问题遵守简单有效原则，用最简单和明确的语言表述清晰问题，复杂问题参考六定模型，仔细斟酌每个要素，全面梳理问题结构，确保提示词完整涵盖关键信息，从而引导大模型生成高质量的回答。

此外，还可以通过专项提示词来控制 DeepSeek 的幻觉。

如在提出问题之后附上内容自由度声明，对生成的内容进行必要的约束。参考提示词：

请仅基于公开可验证的事实回答，避免任何推测或虚构。若信息不确定，请明确声明。

还可以让大模型进行不确定性声明，即主动承认知识边界，避免强行编造。参考提示词：

如果你的回答包含推测，请使用以下格式标注“[推测]：此部分基于常识推断，尚未找到权威证据”。

2. 引入外部验证机制

因为 DeepSeek-R1 的幻觉率较高，所以一定要引入外部验证机制，对关键信息进行交叉验证。实际操作时，可使用以下几个方法。

方法 1： 开启联网搜索功能，基于广泛和实时的互联网信息生成回答。

方法 2： 通过上传附件或投喂信息的方法，提供所提问题的背景信息，让其基于这些信息形成答案。

方法 3： 通过百度、谷歌、秘塔 AI、天工 AI 等搜索引擎核验关键信息的真实性和准确性。

方法 4： 通过专业数据库核对。例如，可以在中国知网、谷歌学术等文献数据库查找相关信息核对。

方法 5： 多个模型同步互动。例如，可以同步使用 DeepSeek-R1、DeepSeek-V3、豆包等大模型，最后交叉验证信息。总之，就是对 DeepSeek-R1 答案中的关键信息通过至少两个信源进行交叉验证，确认信息的真实性和准确性。

3. 利用多轮对话修正偏差

当 DeepSeek-R1 提供的答案中有需要验证的信息时，可以通过多轮对话的方式验证信息和修正偏差。可以参考以下几种方法。

方法 1： 大模型自检与验证。让大模型充当检查者角色，对上文信息进行检查。

参考提示词：“请逐一检查上文信息，并标注不确定的信息。”

方法 2： 关键信息质疑与确定。对关键信进行深度验证，并确保信息的准确性。

参考提示词：“请针对[某观点]，从反方角度提出 3 个质疑，最后回应这些质疑。”

方法 3：追问关键信息的出处。明确要求标注信息来源或标明不确定的信息。

参考提示词：请提供关于 [关键信息] 的具体证据。如果信息不确定，请说明具体情况。

方法 4：偏差修正。对上文错误的地方进行纠正，基于正确信息开始下一轮信息的交互。

参考提示词：将【某概念】修正为【新概念】，并基于【新概念】开始后面的互动。

4. 善于利用幻觉

DeepSeek 的幻觉是一把双刃剑，既可能成为输出错误信息的因素，也可能转化为突破性创新的催化剂。若善于利用，能在文学创作、艺术设计、概念创新等场景中发挥出独特的应用价值。

例如在文学创作中，用户在输入创意框架后，DeepSeek 便会发挥创造力，提供打破常规的创造性架构。我们可以利用 DeepSeek 幻觉创作科幻故事，参考提示词如下。

以量子纠缠原理为叙事引擎，创作 3 个平行宇宙中互为镜像的侦探故事。要求每个世界的物理法则影响破案逻辑，主角的记忆碎片在不同时空间歇性同步，最终凶手的动机需同时满足所有宇宙的道德合理性。

在艺术设计、概念创新等创新场景中，巧妙运用 DeepSeek 的幻觉可以激发出许多意想不到的创意，值得大家自行探索和尝试。

通过以上几方面的策略实施，可以显著减少 DeepSeek-R1 的幻觉现象。而且，这些策略也适用于其他大模型。优化提示词设计能够从源头上提高大模型输出的准确性；引入外部验证机制可以确保信息的真实性；使用多轮对话则能够及时发现并纠正可能存在的错误；善于利用幻觉，则能在特殊场景中发挥幻觉的价值。这些方法的综合运用，将帮助用户获得更加可靠和准确的答案。在实际应用中，建议根据具体场景和需求，综合应用这些策略，以达到最佳效果。

本章深入探讨了与 DeepSeek 进行深度交互的方法，全面解析其推理机制、用户意图理解机制、记忆机制与情感交互机制。与链式推理大模型不同，DeepSeek 主要采用树状推理方式，通过构建“认知中间层”实现“提问—拆解—回答”三阶交互模式，将推理过程可视化，涵盖语义解构、意图分类等 10 个关键步骤。书中案例还原了其从“黑箱魔术”到“透明协作”的跨越。在用户意图解析方面，DeepSeek 基于输入解析、意图特征提取等阶段和分词与向量化、上下文编码等步骤，精准捕捉用户需求，以保障多轮对话流畅。本章引入参数前置优先、意图重置等高阶交互技巧。记忆机制方面，DeepSeek 配备工作记忆、短期记忆、长期记忆三层记忆存储结构，结合控制对话轮数等方法提升对话的连贯性与内容输出质量。其情感交互机制通过情感解析与动态响应，从词汇到篇章实现类人化表达，助力场景适配及结构化情感表达，让交互更高效顺畅且具有温度。

本章小结

DeepSeek

第 5 章

DeepSeek 联动其他 AI 工具

在当下数字化时代，用户需求呈现多元化发展趋势，从文本处理到图像、语音、视频等多媒体场景需求，复杂场景往往需要多模态协同处理。DeepSeek 核心优势在于强大的文本推理能力，凭借这一能力，它能帮助用户解决众多实际问题。如果要满足更多元化的需求，用户可将 DeepSeek 与其他 AI 工具联动使用。这种跨工具的协同合作，不仅拓展了 DeepSeek 的应用边界，也让与之联动的 AI 工具释放出更大的效能，从而构建起“1+1>2”的协同效应，通过能力互补实现更多的场景覆盖。在本章中，我们将主要介绍 DeepSeek 和其他 AI 工具的联动使用，深入探讨如何借助这种协同合作，更好地满足用户的多样化需求。

5.1 DeepSeek 联动生成图像

我们可以通过构建“DeepSeek+图像生成工具”的联动组合，搭建一个简易高效的工作流。

在这一工作流中，DeepSeek 能凭借其强大的推理能力，精准捕捉用户需求，进而撰写出贴合用户需求的图像生成提示词。然后，选择一款图像生成工具，使用 DeepSeek 撰写的提示词，生成符合要求的图像。

目前，基于 AI 的图像生成工具很多，常用的几款工具的特点和应用场景如表 5-1 所示。

表 5-1 常用的图像生成工具

工具名称	所属平台	特点	应用场景
Midjourney	Midjourney	生成过程可视化，擅长创作超现实 / 艺术风格图像，支持迭代调整	创意设计、艺术插画、建筑概念图、社交媒体内容
Stable Diffusion	Stability AI	开源模型，可本地部署，参数控制精细，需较高的硬件配置	开发者定制、商业标准化生产、游戏素材生成、学术研究
Dall-E	OpenAI	与 ChatGPT 深度集成，自然语言理解能力强，生成图像写实度高	广告设计、教育素材、产品原型、需要精准文本匹配的场景
即梦	字节跳动	操作简易，风格偏向流行视觉	短视频、社交媒体素材、快速创意表达
可灵	快手	中文语境优化，支持动态元素生成	直播场景素材、动态贴纸、电商主图、轻量化视频内容制作

续表

工具名称	所属平台	特点	应用场景
文心一格	百度	支持中文提示，融合东方美学元素，提供 API 接口	电商视觉设计、跨模态内容生成、企业级应用
通义万相	阿里巴巴	阿里巴巴达摩院开发，多模态内容生成能力强	创意设计、艺术插画、建筑概念图、社交媒体内容
奇域	小红书	垂直领域优化（如游戏 / 动漫）	二次元创作、游戏角色设计、IP 衍生开发

这里，我们以字节跳动的即梦为例，演示实操过程。

第一步：在 DeepSeek 中描述创作想法，并提示它撰写适用于即梦平台的提示词。例如：

我是一名中学老师，计划在课堂上展示诗人李白的风范，想借助 AI 生成李白的图像，根据李白不同诗歌的意境创造不同的图像风格，并将诗歌同步放在图像中。请参考以上需求，帮我生成一个符合即梦图片生成特点的提示词。

第二步：仔细阅读 DeepSeek 给出的提示词，修改不符合需求的地方。这里选取了其中一条提示词：

《将进酒》豪迈诗酒篇

水墨长卷风格，泼墨飞白笔触，李白宽袍立于黄河激流畔，背景云海翻涌。诗句“天生我材必有用”以狂草题于右上，配青铜酒樽特写，人物须发飞扬作仰天大笑状，朱砂印章点缀左下，画面充满流动的金色墨迹。

第三步：打开即梦，将提示词复制到“图片生成”对话框，设置精细度、图片比例等选项，单击“立即生成”按钮，如图 5-1 所示。

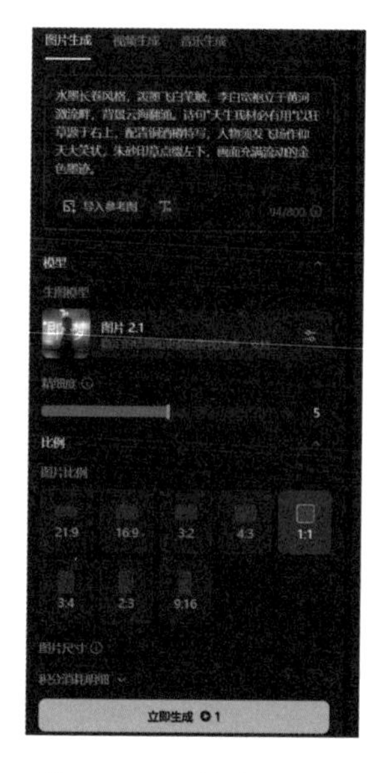

图 5-1　即梦生成图像

第四步：调整优化，直至生成满意的图像。

AI 工具生成图像具有一定的随机性，每次生成的图像在质量和风格上都会有些许差异。首次生成图像后，仔细审视其效果，看画面构图是否合理、细节刻画是否精细、整体风格是否贴合李白诗歌意境等，对画面整体效果进行综合评判。倘若生成的图像未能达到预期，就需要有针对性地调整提示词。例如，如果图像风格过于现代，缺乏古韵，就补充更多体现古风意境的词汇；如果画面元素有遗漏，就进一步细化提示词，明确元素构成。反复修改提示词并重新生成图像，直至生成令人满意的作品。最终生成的图像如图 5-2 所示。

图 5-2　最终生成的图像

5.2 DeepSeek 联动生成视频

DeepSeek 不仅能够与图像生成工具联动，还可以和视频生成工具实现协同。与图像生成工具的联动相比，DeepSeek 联动视频生成工具时，工作流程稍微复杂些，对相关工具的选择和操作也需要更加精细。当下，市场上基于 AI 的视频生成工具种类繁多，下面列举几款常用的工具，如表 5-2 所示。

表 5-2　常用的视频生成工具

工具名称	所属平台	特点	应用场景
Runway	Runway AI	支持多种视频编辑功能、实时预览和调整	视频编辑、特效制作、电影后期等
Pika	Pika Labs	根据文字自动生成和编辑 3D 动画、电影	广告设计、社交媒体内容创作、产品宣传视频制作
即梦	字节跳动	流畅运镜，中文创作，对中文提示词有良好的语义理解能力	短视频创作、广告营销、内容生成等
可灵	快手	使用3D时空联合注意力机制，生成的视频符合真实物理规律	视频广告、动画制作、影视后期等
通义万象	阿里巴巴	支持多种视频生成方式，对中式元素有特别优化	图像编辑、风格转换、创意设计等
智谱清影	智谱清言	生成速度快，视频分辨率高	视频制作、在线教育、虚拟现实应用等
海螺	MiniMax	生成的视频具有良好的连贯性和稳定性	视频编辑、短视频创作、直播内容生成等
Vidu	生数科技	视频生成速度快、质量高，支持换脸、换背景等多种玩法	视频编辑、广告制作、在线课程录制等

从常用的视频生成工具的主要功能来看，AI 生成视频主要有两种方式：一种是根据图片生成视频；另一种是根据文字生成视频。这里还是选择即梦作为联动工

具，以红酒展示为主题，展示视频生成的实操过程。

第一种方式：根据图片生成视频。

此种方法需要先生成主题图片和基于图片生成视频脚本的提示词。

第一步：在 DeepSeek 中描述主题、想法和生成逻辑，让 DeepSeek 撰写用于生成相应的视频脚本和图片的提示词，具体如下。

做一个 10 秒左右的关于“红酒”主题的 AI 视频，请帮我设计视频的画面图片和脚本，要求如下：1. 画面图片总共 3 张，为每一个画面生成单独的提示词（中文）；2. 视频的脚本参考结构为“主体 + 场景 + 运动 + 镜头语言 + 氛围词 + 风格化”；3. 确保画面图片风格统一，以表格形式输出，画面一列，脚本一列，全部为中文。

DeepSeek 按照以上提示词撰写了相应内容，如图 5-3 所示。

画面	脚本（主体+场景+运动+镜头语言+氛围词+风格化）
画面1提示词：暗红色丝绸背景，高脚杯倾斜倒酒，深红液体流动，金色光晕，玻璃折射光斑，酒滴飞溅，浅景深	**主体**：红酒倒入高脚杯**场景**：奢华暗调吧台**运动**：慢动作液体流动**镜头语言**：微距特写+浅景深**氛围**：神秘诱惑**风格**：电影级光影质感+复古油画色调
画面2提示词：烛光摇曳，两人碰杯侧影，葡萄与橡木桶虚化前景，暖黄光斑，红酒杯口红印	**主体**：双人品酒互动**场景**：欧式复古餐厅**运动**：环绕镜头推进**镜头语言**：中景构图+前景遮挡**氛围**：浪漫私密**风格**：柔焦胶片感+暖棕色调
画面3提示词：旋转酒瓶特写，酒标烫金纹理，葡萄藤蔓延背景，晨雾透光，深绿与酒红撞色	**主体**：酒瓶与自然融合**场景**：清晨薄雾酒庄**运动**：升降镜头平移**镜头语言**：对称构图+动态模糊**氛围**：宁静诗意**风格**：新古典主义+低饱和度渐变

图 5-3　DeepSeek 撰写的画面图片与脚本的提示词

第二步：打开即梦，与 5.1 节中生成图像的操作一样，将图 5-3 所示的画面 1 的提示词复制到即梦，生成图片，并选出最满意的画面图片保存备用，如图 5-4 所示。然后采用同样的方法依次获得其余两张画面图片并保存。

图 5-4　即梦生成的图片

第三步：在即梦中切换到“视频生成”对话框，在“图片生视频”选项卡中，上传所保存的第一张画面图片，然后将图 5-3 中第一行脚本提示词复制到图片下方的对话框，如图 5-5 所示。

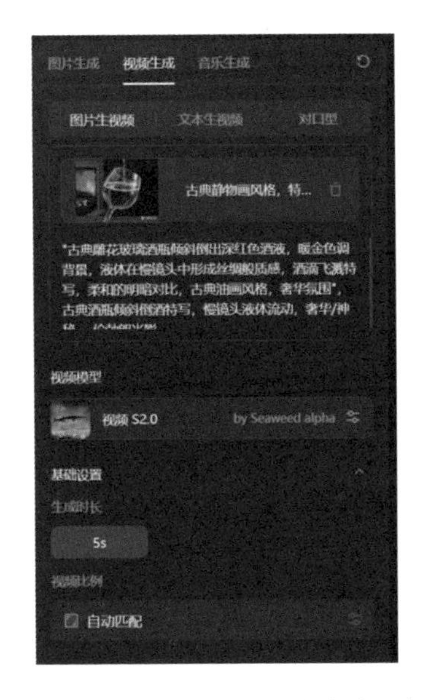

图 5-5　即梦中根据图片生成视频

填好信息后，单击“生成视频”按钮。等待一会儿，第一段视频就制作完成了，如图 5-6 所示。

图 5-6　即梦根据图片生成第一段视频

第四步：按照同样的操作，完成第二段、第三段视频的制作，然后将这三段视频分别导出并保存。

第五步：将三段视频导入剪辑工具（如剪映等），然后在剪辑工具中添加字幕、音乐等元素，完成整个视频的制作。

第二种方法：根据文字生成视频。

此种方法对提示词的质量要求高。同时，它还要求使用者具备深厚的专业知识储备。一般情况下，仅依靠单次操作难以生成令人满意的视频，需要不断进行迭代和优化。

第一步，在 DeepSeek 中描述想法，撰写用于视频生成的提示词。这时候，我们可以使用最简描述法，根据 DeepSeek 的答案进行迭代和优化，如下所示。

生成时长 10 秒，主题为“红酒展示”的视频生成提示词。

DeepSeek 根据上述信息生成了一段用于生成视频的提示词。这是结构化的提示词方案，该方案有很好的节奏感与视觉吸引力，如表 5-3 所示。

表 5-3　“红酒展示”视频设计的结构化的提示词方案

类别	建议
场景建构	主场景：极简主义大理石吧台，背景为渐变琥珀色光晕墙，酒柜陈列多瓶不同年份红酒（0~2 秒）
	核心焦点：勃艮第酒杯特写，折射水晶吊灯光芒（镜头顺时针环绕 0.5 周）

续表

类别	建议
动态序列	液体艺术：暗红色的葡萄酒以慢镜头（120fps）呈丝绸状注入醒酒器，液面形成螺旋涡流（3~5 秒）
	产品展示：酒瓶呈 45° 悬浮旋转，法式酒标清晰呈现（焦段 85mm，景深过渡自然）
氛围强化	光影设计：侧逆光勾勒玻璃器皿轮廓，Dappled Light 投影在台面上形成抽象葡萄藤纹样
	质感强化：冷凝水珠沿杯壁滑落的轨迹特写（微距镜头，放大水珠表面折射的暖调光斑）
转场逻辑	动态转场：镜头从正在倾注的酒液自然过渡到旋转的瓶身（匹配剪辑点选择在液体抛物线的顶点）
	收尾镜头：两指捏握杯脚的优雅手势，背景逐渐虚化为星光光斑（渐出效果，直至黑场）
	技术参数：采用 24 帧电影帧率，色温设定为 3000K，HSL 调色强化酒红色饱和度（+15），高光区域添加微光晕效果。建议搭配大提琴低音旋律，关键动作节点加入水晶音效增强记忆点

第二步：打开即梦，切换到“视频生成”对话框，选择“文本生视频”选项卡，然后复制以上提示词并粘贴到对话框。在提示词下方的“视频模型”选项中，可以选择不同的视频模型，每种模型下的参数设置有所不同，这里选择了视频 P2.0 Pro 模型，如图 5-7 所示。此外，还可以对生成时长、视频比例两项参数进行设置。

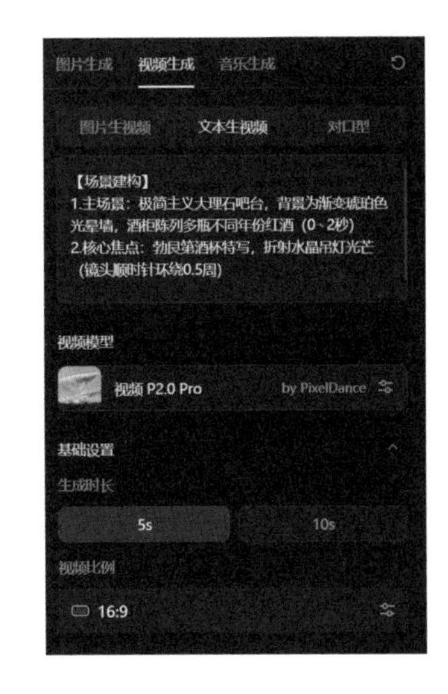

图 5-7　即梦中根据文字生成视频

第三步：等待一会儿，视频就生成了。将生成的视频导出、保存。图 5-8 就是根据提示词生成的一段 9 秒视频的效果截图。

图 5-8　在即梦中根据文字生成视频的效果

5.3 DeepSeek 联动生成音乐

完成视频制作后，添加音乐是提升作品质感的关键一步，甚至我们还能尝试创作专属音乐。以往，音乐制作的门槛很高，不仅需要深厚的专业乐理知识，还得配备昂贵的设备。然而在人工智能时代，只要把个人想法与 AI 工具融合，就能轻松生成专属音乐作品。

DeepSeek 和音乐生成工具能产生联动效应，创作出更优质的音乐。联动工作时，DeepSeek 负责撰写音乐生成提示词和歌词，音乐生成工具负责谱曲，并合成音乐，二者协作，完成音乐创作。当下，市面上主流的音乐生成工具如表 5-4 所示。

表 5-4　主流的音乐生成工具

工具名称	所属平台	特点	应用场景
Suno	Suno	自动化程度高、生成速度快、音乐风格多样，中文吐字清晰度较低	个人创作、商业配乐（广告 / 影视）、音乐教育
Udio	Udio	音乐质量高、音乐风格多样	专业音乐制作、跨风格音乐创作
海绵音乐	字节跳动	中文生成优化、操作简单、生成速度快	中文歌曲创作、短视频 / 社交媒体配乐

续表

工具名称	所属平台	特点	应用场景
音疯	昆仑万维	功能丰富、容易上手	个人音乐创作、商业配乐
网易天音	网易	一站式 AI 音乐创作、专业性较强，生成速度较慢	专业音乐人创作、音乐教学
即梦	字节跳动	一站式 AI 视频创作，能为视频配音乐，功能丰富	视频配乐、个人创作
天谱乐	趣丸科技	支持多模态生成音乐、界面简洁、操作比较简单	影视 / 游戏配乐、多模态内容创作

接下来，我们重点介绍 DeepSeek 联动音乐生成工具，根据文字生成音乐的实际操作过程。

第一步：在 DeepSeek 中根据主题生成歌词。

音乐创作往往需要深厚的专业知识储备，最终生成的内容还带有极强的主观性，因为每个人对音乐有不同的理解和表达。对于非专业人士而言，创作歌词常常面临诸多挑战。因此，这里推荐一个“AI 生成歌词”提示词参考模板。用户只要在这个参考模板的下划线处根据自己的需要填空，就能借助这个模板写出提示词，然后用 DeepSeek 快速生成歌词内容，从而有效弥补专业知识不足的短板，开启属于自己的歌词创作之旅。

“AI 生成歌词”提示词参考模板

1. 核心设定

主题：______（爱情 / 自我成长 / 科幻等）

情感基调：______（隐忍的悲伤 / 叛逆的狂欢 / 温柔的回忆）

叙事视角：______（第一人称独白 / “上帝视角”观察 / 物品拟人化）

2. 结构设计

段落划分：

主歌 ×2 → 预副歌 → 副歌 → 桥段 → 副歌（可调整）

押韵模式：______（AABB/ABAB/ 自由韵）

“AI 生成歌词”提示词参考模板

重复记忆点：______（示例：每段结尾重复句 / 副歌首句关键词）

3. 语言风格

词汇倾向：______（口语化 / 诗意隐喻 / 街头俚语）

修辞手法：______（比喻 / 排比 / 通感 / 双关语）

禁忌词：______（避免使用“老套”的词汇，如心碎、永恒等）

4. 特殊要求

副歌爆发力：______（示例：副歌比主歌音域提高五度）

文化元素：______（方言词汇 / 神话典故 / 地域场景）

跨界融合：______（示例：将化学公式转写为爱情隐喻）

在 DeepSeek 中输入以下提示词。

基于以下参考模板，生成一首歌曲名为______的歌词，参考______风格。模板如下：（略）。

例如，在以上下划线处依次填入《李白》及《菊花台》，用 DeepSeek 生成歌词，如图 5-9 所示（由于歌词较长，此图仅展示一部分）。

《李白·醉月长卷》

（注：按《菊花台》韵律设计，融合盛唐气象与诗仙精神困境）

【主歌1】

醉月跌入青玉盏（A）

剑影劈开夜帷幔（A）

朱批撕碎的诗稿在砚台辗转（B）

墨色漫过白玉阶（B）

【主歌2】

金樽倒映烽火燃（A）

玉门关外羌笛乱（A）

他们说盛世该有太平的注脚（B）

我却蘸黄河写狂草（B）

图 5-9　用 DeepSeek 生成的一部分歌词

接着我们要借助 DeepSeek 做曲风设计。和歌词创作一样，歌曲风格设计的专业门槛也很高，这里同样提供一个“AI 生成曲风”提示词参考模板。

“AI 生成曲风”提示词参考模板

【风格】
主风格：______（电子 / 古典 / 流行 / 民族等）
子风格 / 融合元素：______（示例：未来感合成器 + 传统二胡）
【情绪与场景】
核心情绪：______（欢快 / 忧郁 / 紧张 / 治愈）
联想场景：______（示例：夏夜海边 / 赛博都市战斗）
【节奏与结构】
BPM：______（或描述：中速 / 急速 / 慵懒）
段落设计：______（示例：渐进式高潮 + 突然静默 / 循环短旋律）
【乐器与音色】
主乐器：______（钢琴 / 电吉他 / 古筝等）
辅助元素：______（示例：环境风声 / 电子鼓点 / 弦乐铺垫）
【特殊需求】
技术细节：______（示例：左声道延迟效果 / C 小调音阶）
用途限制：______（示例：无歌词纯音乐 / 15 秒短视频适配）

在 DeepSeek 中输入以下提示词。

基于以下模板，为上一段歌词匹配曲风。参考模板如下：（略）。

DeepSeek 便根据歌词和提示词，生成相应的曲风设计，内容如图 5-10 所示。

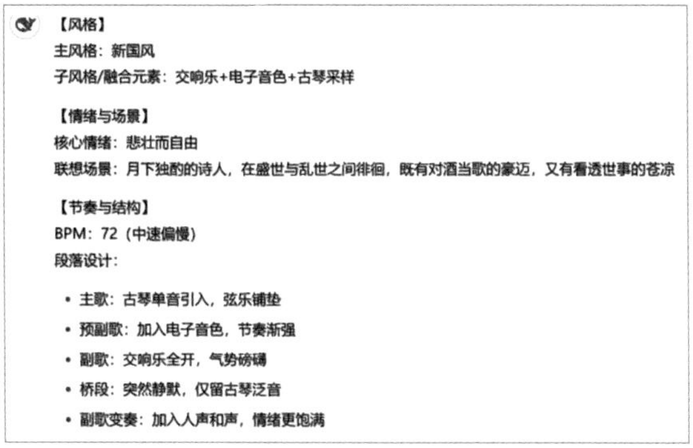

【风格】
主风格：新国风
子风格/融合元素：交响乐+电子音色+古琴采样

【情绪与场景】
核心情绪：悲壮而自由
联想场景：月下独酌的诗人，在盛世与乱世之间徘徊，既有对酒当歌的豪迈，又有看透世事的苍凉

【节奏与结构】
BPM：72（中速偏慢）
段落设计：

- 主歌：古琴单音引入，弦乐铺垫
- 预副歌：加入电子音色，节奏渐强
- 副歌：交响乐全开，气势磅礴
- 桥段：突然静默，仅留古琴泛音
- 副歌变奏：加入人声和声，情绪更饱满

图 5-10　DeepSeek 生成的曲风设计

第二步，使用 AI 音乐生成工具生成歌曲。

下面以音疯为例展示如何进行音乐创作。

（1）登录音疯，进入“创作”界面，选择“自定义模式”选项卡，在文本框中分别输入歌名和歌词。在文本框的右侧可以设置参考歌曲、主唱歌手、描述歌曲、哼唱旋律等选项。我们将生成的曲风说明输入“描述歌曲”选项中，如图 5–11 所示。

（2）设置完成后，单击“生成歌曲”按钮，稍等几分钟，就完成了音乐创作，我们可以根据自己的喜好和判断，选择接受或者重新生成。

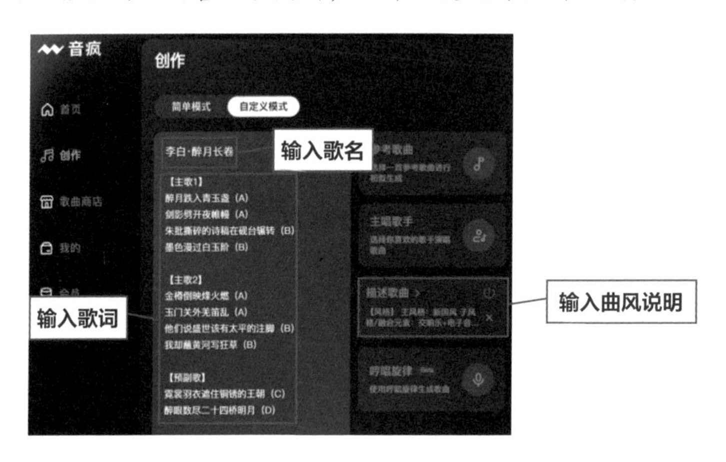

图 5–11　使用音疯生成音乐

5.4　DeepSeek 联动生成流程图

流程图是一种用标准化图形符号和箭头表示流程步骤、逻辑关系和决策路径的可视化图表。它通过直观的图形语言，帮助人们理解、分析或优化一个过程，如算法、业务流程、工作流等。流程图的具体类型非常多，常用的有思维导图、泳道图、甘特图和时序图等。

在流程图制作过程中，DeepSeek 可与多种流程图制作工具实现联动，根据给定的主题或材料，将相关内容加工转化为流程图制作工具可识别的代码类型，然后借助这些工具完成流程图的生成。常用的流程图制作工具如表 5–5 所示。

表 5-5　常用的流程图制作工具

工具名称	所属平台	特点	应用场景
Microsoft Visio	Microsoft	专业级流程图设计工具，有拖拽模板和形状功能，兼容 Office，支持复杂逻辑和跨平台协作	企业级复杂流程图设计
Draw.io	JGraph Ltd	开源，界面简洁，支持本地保存或云同步	个人或小型团队快速制作基础流程图
Mermaid Live	Mermaid Live Editor	开源，支持制作多种图表类型，支持实时编辑和预览	项目管理、教育培训、业务流程分析
ProcessOn	北京大麦地信息技术有限公司	在线协作 + 模板共享，支持流程图、思维导图等混合设计	教育、产品团队协作流程图设计，需模板参考的场景
亿图图示	EdrawSoft（深圳市亿图软件）	兼容 Visio 格式，提供丰富矢量模板，支持跨平台（Windows/Mac/Web）	需要专业绘图及格式兼容的场景
迅捷流程图软件	迅捷（中国）	内置模板库，操作简单，支持一键导出为图片 /PDF	新手快速生成标准化流程图
Boardmix	博思白板（深圳博思云创）	在线白板 + 流程图混合设计，支持多元素协作（思维导图、表格等）	团队头脑风暴或混合图表设计（如需求分析、流程优化）
妙办画板	妙办	多功能在线绘图工具，集成 AI 创作、思维导图、流程图等功能，支持团队协作	创意绘图、思维导图绘制、流程图设计、团队项目协作等
Xmind	深圳市爱思软件技术有限公司	以思维导图为核心，支持基础流程图分支设计	以思维导图为主、流程图为辅的场景（如会议记录、知识整理）

下面以 Draw.io 为例，介绍 DeepSeek 联动生成流程图的操作过程。

第一步：根据主题或材料生成流程图制作代码。

Mermaid 代码因其简洁性、文本化描述、跨平台兼容性以及强大的可嵌入性和扩展性等优势，成为制作流程图的首选代码。这里让 DeepSeek 根据主题或材料生成相应的 Mermaid 代码。提示词如下。

制作流程图，主题是“智能垃圾分类指南”，输出 Mermaid 代码。

DeepSeek 根据对主题的理解输出 Mermaid 代码，如图 5-12 所示。

以下是智能垃圾分类流程图的mermaid代码：

mermaid　　复制

```
flowchart TD
    A[开始]      B[输入垃圾信息]
    B      C{信息类型}
    C      |文字描述| D[文本语义分析]
    C      |图像信息| E[图像识别处理]
    D      F[数据库匹配]
    E      F
    F      G{判断分类}
    G      |可回收物| H[显示回收处理方式]
    G      |有害垃圾| I[显示危险警示和回收点]
    G      |湿垃圾| J[显示生物降解方法]
    G      |干垃圾| K[显示焚烧/填埋建议]
    H      L[结束]
    I      L
    J      L
    K      L
    L      M{分类正确?}
    M      |是| N[完成]
    M      |否| B
```

图 5-12　DeepSeek 根据主题输出 Mermaid 代码

第二步：将 Mermaid 代码导入流程图制作工具 Draw.io。

（1）登录 Draw.io 平台。登录成功后，在上方的编辑栏中单击“+”按钮，在弹出的下拉菜单中选择“高级”→“Mermaid”选项，如图 5-13 所示。

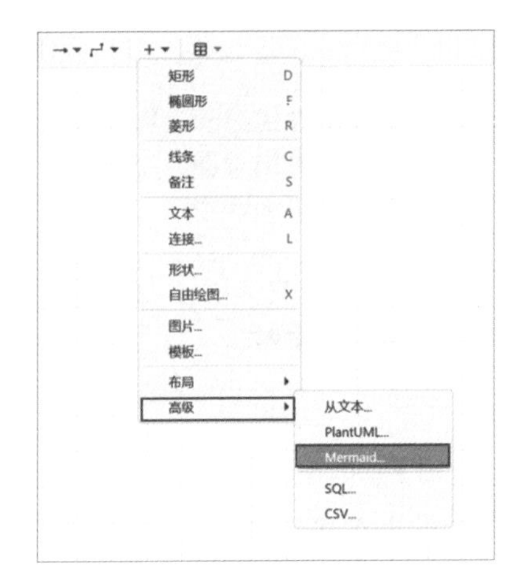

图 5-13　在 Draw.io 导入 Mermaid 代码的路径

（2）弹出对话框，将图 5-12 中的代码复制、粘贴到该对话框，然后单击对话框下方的“插入”按钮，如图 5-14 所示。

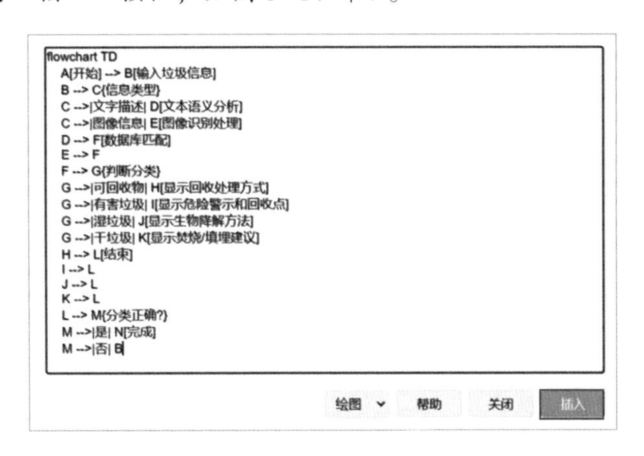

图 5-14　在 Draw.io 对话框中插入 Mermaid 代码

（3）插入 Mermaid 代码后，即可生成流程图草稿，如图 5-15 所示。

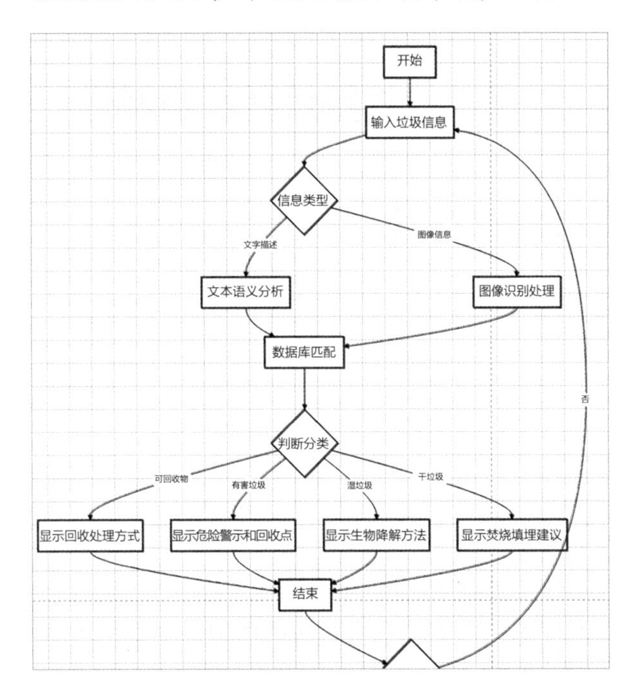

图 5-15　流程图草稿

（4）在 Draw.io 中，可以对流程图草稿进行编辑。例如，在页面右侧有“绘图”和“样式”两个选项卡，应用其中的选项可以调整画面和流程图样式，如图 5-16 所示。这里我们选择橙色样式（第 4 行第 1 个样式）。

在编辑栏中“+”按钮的左侧有“连接”按钮➞和“航点”按钮（见图 5-13）。其中，单击“连接”按钮可以选择不同的连接线线型，单击“航点”按钮可以选择不同的连接方式。用户可以根据自己的情况进行相应选择。调整后的流程图（部分）效果如图 5-17 所示。

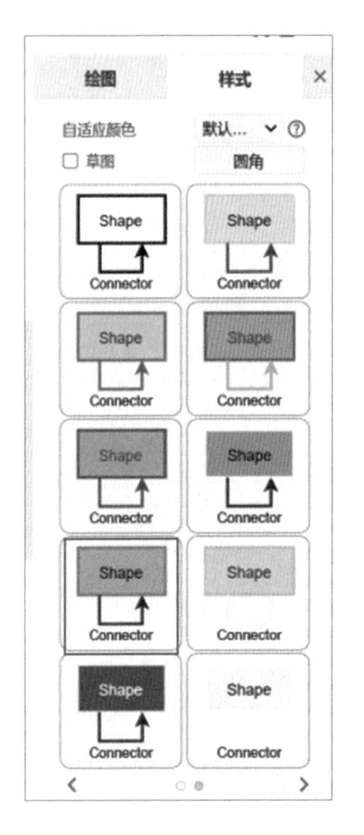

图 5-16　对流程图草稿进行画面和样式调整

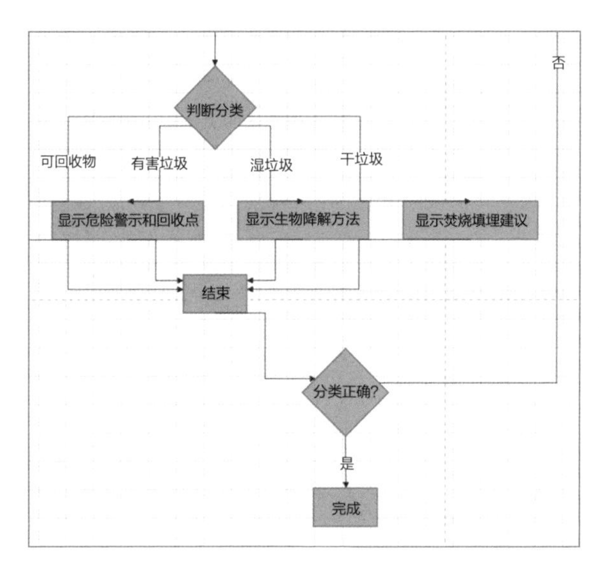

图 5-17　调整后的流程图（部分）效果

（5）经过调整后的流程图，可以保存到本地。有两个保存路径：第一个路径是单击页面左上方的“文件”菜单，在弹出的下拉菜单中选择“导出为”选项，然后在弹出的级联菜单中选择相应的导出格式；第二个路径是在页面上方，有一个红色背景的修改未保存提醒按钮，单击该按钮即可保存，如图 5-18 所示。

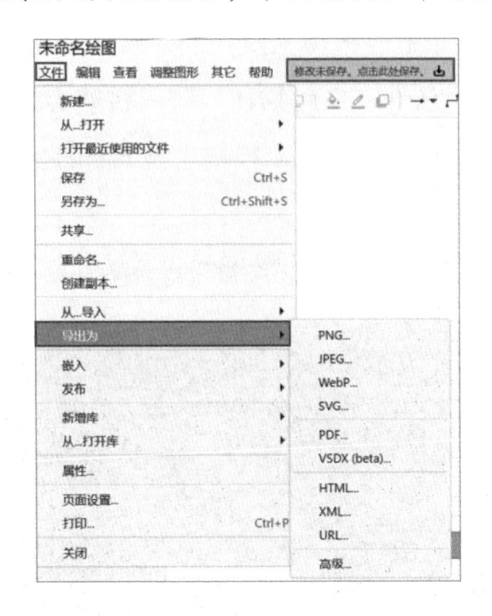

图 5-18 流程图的保存路径

如果在第一个保存路径中选择 PNG 格式，会弹出一个参数设置对话框，在其中调整相应参数后，单击“导出”按钮，即可将流程图保存到本地，如图 5-19 所示。

图 5-19 将流程图保存在本地

在各类流程中，思维导图作为一种高效的信息整理与展示形式，应用颇为广泛。下面，我们选择 Xmind 平台做实操演示。

第一步，在 DeepSeek 平台根据主题或材料生成思维导图制作的代码。

Markdown 代码因其简洁性、文化描述、跨平台兼容性等优势，成为制作思维导图的首选方式。这里我们让 DeepSeek 根据主题或材料生成 Markdown 代码，如图 5-20 所示。

参考提示词：制作思维导图，主题是“智能垃圾分类指南”，输出 Markdown 代码。

图 5-20 DeepSeek 根据主题生成 Markdown 代码

单击代码框右上角的“复制”按钮，复制 Markdown 代码。然后在本地计算机的桌面上单击鼠标右键，选择“新建”→“文本文档”命令，如图 5-21 所示。

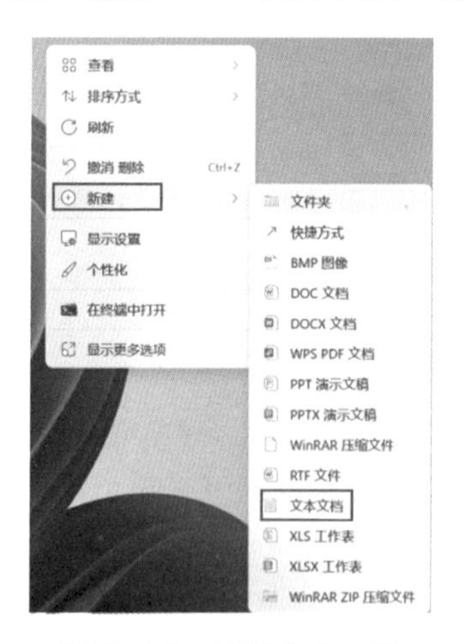

图 5-21 新建文本文档

将复制的Markdown代码粘贴到新建的文本文档中，然后单击右上角“文件”→“另存为”菜单，在弹出的对话框中，将文件名修改为“智能垃圾分类指南.md”，保存类型选择“所有文件”，“编码”选择“UTF-8”，如图5-22所示。最后单击“保存”按钮，将其保存在计算机中。

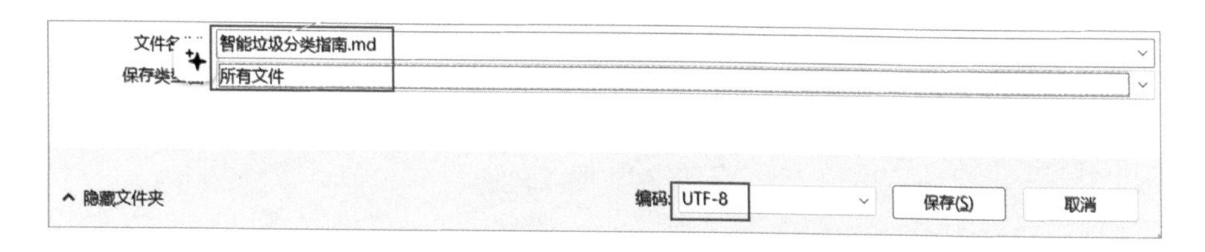

图5-22 将Markdown代码保存为MD格式文件

第二步，登录Xmind官网。Xmind官网提供了在线版和本地版两种版本，我们选择使用在线版，在官网首页的导航栏中单击“在线导图”按钮，如图5-23所示。

图5-23 Xmind官网首页

第三步，进入“在线导图”页面，注册并登录后，单击页面上方的“新建导图”按钮，在弹出的“新建导图”对话框中单击“空文件”，如图5-24（a）所示。然后在弹出的新界面中单击左上角的三条横线按钮☰，选择“导入文件”选项，在弹出的“导入”对话框中单击，接着在“打开”对话框的“文件类型”选项中选择“所有文件”，如图5-24（b）所示。

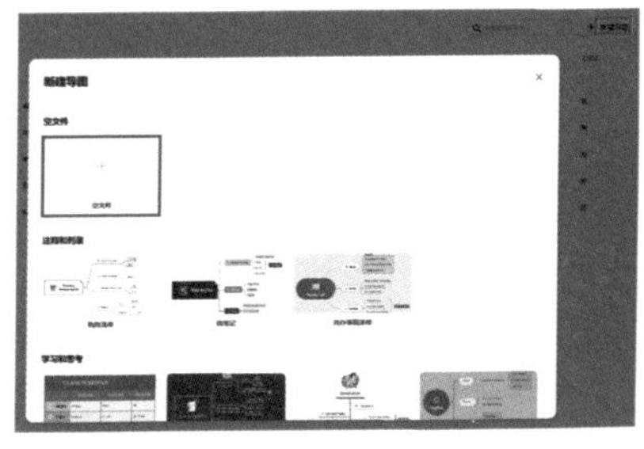

(a) 新建空文件

(b) 选择“所有文件”

图 5-24　导入文件

在计算机中找到“智能垃圾分类指南.md”文件，然后单击“打开”按钮上传，在弹出的“导入”对话框中单击“导入”按钮，即可生成“智能垃圾分类指南”主题的思维导图草稿，如图 5-25 所示。

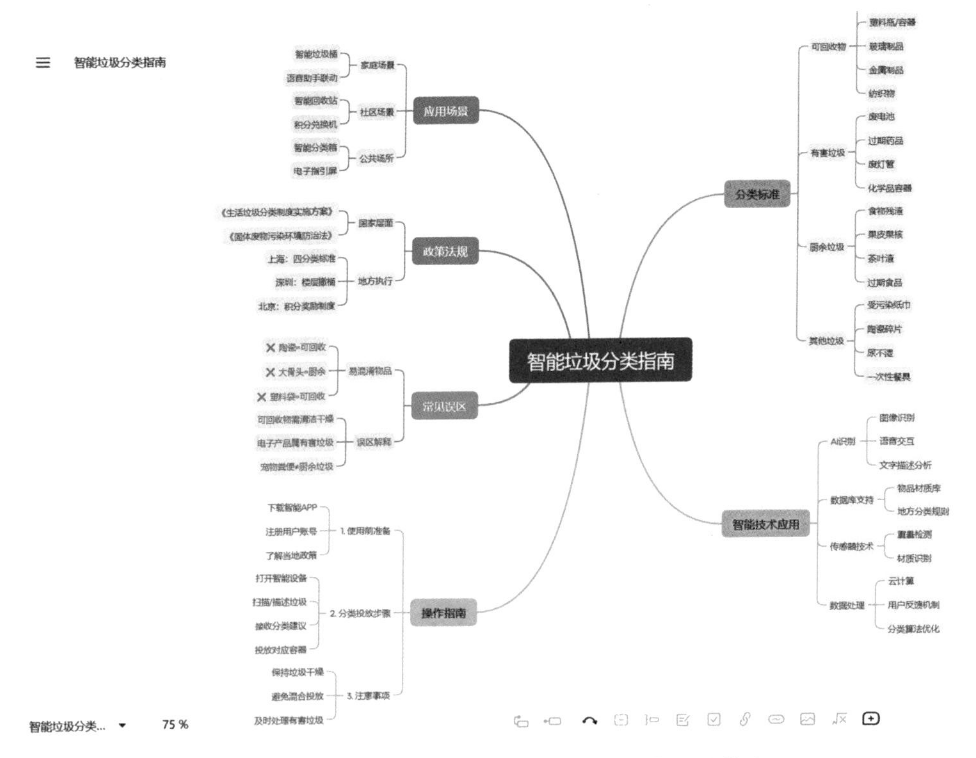

图 5-25　“智能垃圾分类指南”主题的思维导图草稿

第四步，可以在 Xmind 中对草稿进行编辑加工。利用页面右侧的样式调整面板可以调整思维导图的样式，如图 5–26 所示。还可以利用页面下方的内容编辑工具栏对内容进行修改，如图 5–27 所示。

图 5–26　样式调整面板

图 5–27　内容编辑工具栏

第五步，调整完成后，将文件保存到计算机中。单击页面左上角的三条横线按钮，可以选择“导出”或“下载”选项。例如，选择“导出”选项，可以将文件导出为 PNG 或 JPEG 等格式，如图 5–28 所示。选择“下载”选项，则可以直接将文件下载保存为 .xmind 格式。

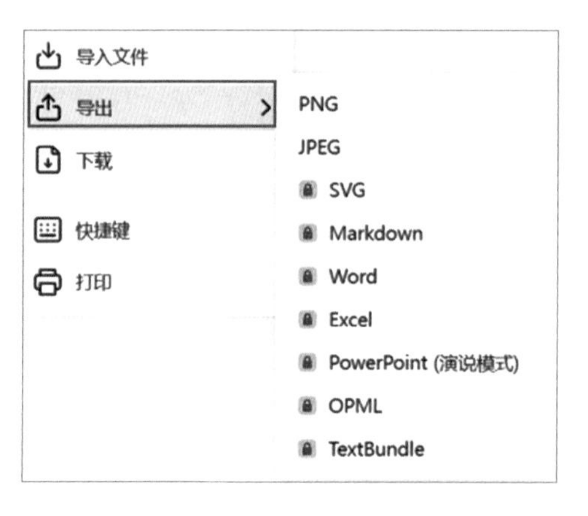

图 5-28 “导出”选项

5.5 DeepSeek 联动生成 PPT

在工作场景中，PPT 制作已成为一项不可或缺的刚需技能。传统 PPT 制作方式耗时费力，整个制作过程烦琐。随着人工智能的发展，使用 AI 工具不仅能快速生成 PPT 内容，还能依据美学原则进行排版设计，整个过程高效流畅，大大缩短了制作周期。

PPT 制作主要由两个核心环节构成：内容准备环节和 PPT 制作环节。其中，内容准备环节尤为关键，它是制作整个 PPT 的基础。在这个环节中，我们可以借助 DeepSeek 对相关主题的内容进行全面梳理，快速生成条理清晰、逻辑严谨的内容框架。

而在 PPT 制作环节，各类基于 AI 的 PPT 生成工具则可发挥重要作用。它们可以根据我们准备好的内容，迅速生成具有专业水准的 PPT。这些工具内置了丰富多样的模板和设计风格，只需用户简单操作，就能将文字、图片、图表等元素巧妙融合，呈现出美观大方的 PPT 页面。常见的 PPT 生成工具如表 5-6 所示。

表 5-6 常见的 PPT 生成工具

工具名称	所属平台	特点	应用场景
Gamma	Gamma	快速生成结构化 PPT，支持交互式编辑、多平台适配	公司提案、教育课件等专业化设计场景
WPS 灵犀	金山办公	深度集成 WPS 生态，基于 AI 生成 PPT+ 智能排版 + 模板推荐	企业汇报、教育培训等需要高效制作且注重专业排版的场景
通义千问	阿里巴巴	支持一句话主题、上传文件等多种生成方式，支持在线编辑和模板替换	适合普通用户快速生成 PPT
Kimi PPT 助手	Kimi	对接 AI PPT.cn 功能，模板丰富且生成速度快	适合需要多样化模板的用户
讯飞智文	科大讯飞	AI 配图、自动生成演讲稿、多语种翻译，支持在线编辑和动画效果	商务汇报、学术演讲等对美观度和专业性要求较高的场景
AiPPT.cn	北京饼干科技有限公司	逻辑性强、模板丰富，支持云端存储及 PPT、PDF 等导出格式	基于专业场景快速生成 PPT
万知	零一万物	可生成 PPT、阅读总结、行业搜索	免费快速制作 PPT
ChatPPT	ChatPPT	支持在线版和插件版	适合轻量化需求
Islide	Islide	支持 PPT 生成、Word 和脑图转 PPT 等功能，模板丰富	适合需要简化设计和快速排版的用户
智谱清言 PPT	智谱清言	通过“智能体中心”调用，支持上传本地文件或网址参考生成 PPT	生成定制化 PPT
歌者 PPT	彩漩科技	支持学术报告、毕业论文、思维导图等秒转 PPT	普通用户日常 PPT 制作
LivePPT	美图	美观，生成内容量较大	需要“高颜值”或有特殊设计需求的演示场景

DeepSeek 与 PPT 生成工具的联动方式主要有两种。第一种方式是基于 DeepSeek 生成主题内容的大纲，然后借助 PPT 生成工具完成 PPT 制作。这种方式的优点在于定制化程度高，用户可以根据需求撰写更为细致的提示词，生成更贴合实际需求的内容框架，其中 PPT 生成工具仅承担内容呈现的职责。不足之处在于操作流程较为复杂。第二种方式是直接借助已接入 DeepSeek 功能的 PPT 生成工具，在一个平台上即可完成内容生成与 PPT 制作的全流程。这种方式的优势在于使用便捷、高效，不足之处是定制化能力较弱，个性化调整受限于平台的功能集成程度。

下面我们分别演示两种生成 PPT 方式的操作过程。

第一种方式：DeepSeek+PPT 生成工具。

这里我们选择 DeepSeek+ 通义千问联动作为实操案例。

第一步：在 DeepSeek 中生成关于某个主题的 PPT 提纲。

参考六定模型，我们设计了“生成 PPT 提纲”的提示词参考模板，具体如下所示。

“生成 PPT 提纲”提示词参考模板

请设计一份面向 [某角色] 的内容 / 框架，背景设定为 [某特定背景]。目标是实现 [具体目标]，采用 [某方法] 进行呈现，以促进 [特定理解或行动需求的实现]。建议内容结构清晰，重点通过 [特定表现方式 / 工具] 深化核心内容的表达，加强互动体验或知识迁移，并用 [特定标准] 简化复杂概念，保证高效传播和易于理解。整体基调需保持 [具体基调，如趣味化、启发式、可信赖等]，确保表达生动、简洁且富有吸引力，同时有效引导受众实现 [目标行为或进一步思考]。

例如，我们基于这个提示词模板，以面向初中生做一场“人工智能发展史”的科普讲座为例，设计了如下提示词。

请设计一份面向初中生的内容框架，背景设定为校园科技周活动。目标是实现人工智能基础知识普及与兴趣培养，采用多媒体互动讲座形式呈现，以促进学生对 AI 技术发展历程的理解和激发他们对 STEM 课程的学习热情。建议内容结构清晰，以 **“机械生命成长日记”为隐喻，将 AI 进化比喻为生物成长故事 **，标题定为“AI 进化之旅：

机械大脑变形记”，采用 **“大脑进化树”时间轴标注关键阶段。内容分为三大模块：“蒸汽朋克图书馆”比喻早期规则系统为固执导游 **；“乐高积木大爆炸”比拟深度学习为积木重组；“魔法镜子工作室”用镜像反射解释生成式 AI。重点通过动画视频与简易编程 Demo 深化核心内容的表达，设计 **“思维燃料站”互动环节 **，让学生上传照片生成梵高风格画像。整体基调需保持趣味探索与启发思考相结合，结尾以 AR 彩蛋和“给 AI 发明新技能”创意工坊激发兴趣，通过生活化比喻、拟人化语言和互动体验，确保表达生动、简洁且富有吸引力，同时有效引导受众理解并复述 AI 发展关键内容，形成正确认知与未来学习路径规划。

将提示词输入 DeepSeek 后，DeepSeek 很快就帮我们整理了相关主题内容，生成 PPT 大纲，其部分内容如图 5-29 所示。

封面页（1页）

- 主标题：AI进化之旅：机械大脑变形记
- 副标题：一部会"长大"的机械生命成长日记
- 视觉元素：卡通机械大脑从蒸汽齿轮到数字神经网络的渐变图
- 互动预告：扫描右下角AR彩蛋，唤醒沉睡的机械生命

目录页（1页）

"大脑进化树"时间轴（动态生长动画）

- 1940s-1990s → 蒸汽朋克图书馆（规则系统时代）
- 2000s-2010s → 乐高积木大爆炸（深度学习革命）
- 2020s-未来 → 魔法镜子工作室（生成式AI时代）

第一幕：蒸汽朋克图书馆 - 机械婴儿的固执导游（6页）

1. 出生证明：图灵测试的摇篮曲

- 拟人化设计：AI婴儿头戴齿轮发条帽，手持《规则手册》

图 5-29　PPT 大纲的部分内容

第二步，选择 PPT 生成工具。

（1）这里选用阿里巴巴旗下的通义千问。在百度中搜索“通义千问”，进入通义千问官网，如图 5-30 所示，按照流程注册账号并登录。

图 5-30　通义千问官网

（2）单击交互对话框上方的“PPT 创作”按钮，进入“通义 PPT 创作”界面，将 DeepSeek 所生成的 PPT 大纲复制并粘贴到交互对话框内。在与通义千问对话的过程中，用户还可以同时提出有关生成 PPT 的具体需求，如页数、配图风格以及内容的详细程度等。

例如输入以下内容。

请基于以下内容制作 PPT，要求：页数为 12 页；配图为绘本风格；内容简洁。内容：（主题提纲略）。

随后，通义千问会根据所提供的要求和内容进行加工处理。用户审核好内容之后，即可单击下方的“PPT 创作”按钮，如图 5-31 所示。

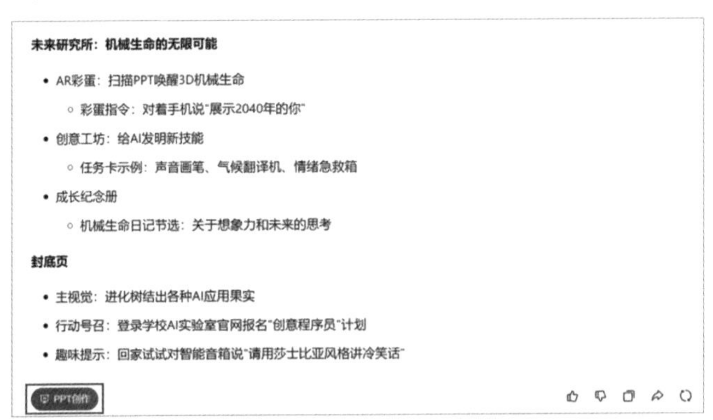

图 5-31　通义千问整体提供的资料

第三步，PPT 制作与调整。

（1）单击“PPT 创作”按钮后，将进入可编辑的 PPT 大纲界面，可以根据需要对大纲内容进行新增、删除或其他编辑操作。同时，还可以选择 PPT 的应用场景，如图 5-32 所示。

图 5-32　可编辑大纲和选择场景的界面

（2）确认内容无误后，单击“下一步”按钮，进入模板选择阶段。根据主题的使用场景，选择与之匹配的风格模板。因为示例案例的对象是初中生，所以我们选择比较活泼的手绘风格模板，如图 5-33 所示。

图 5-33　选择手绘风格模板

（3）选定模板后，单击“生成 PPT”按钮，通义千问会逐页完成 PPT 的制作。在页面中央区域展示的是已生成的 PPT 初稿，可以直接对页面内容进行修改；页面左上角显示的是 PPT 的名称，单击可以对名称进行编辑和修改；页面右上角为文件保存、导出、切换模板和演示等功能按钮；页面左侧区域展示 PPT 的预览页面，同时支持新建单页；页面右侧有功能列表，提供插入文字卡片、流程图等功能，如图 5-34 所示。

图 5-34　PPT 页面中的功能布局

（4）修改 PPT 的过程比较细致，可以根据自己的需求进行探索和尝试。PPT 定稿之后，可以单击页面右上角的导出按钮 ，选择具体的导出格式，即可导出制作好的 PPT，如图 5-35 所示。

图 5-35　选择导出格式

第二种方式：借助已接入 DeepSeek 功能的 PPT 生成工具。

目前，有很多平台已经接入了 DeepSeek，如 WPS 灵犀、讯飞智文、歌者 PPT 等，接下来我们以 WPS 灵犀为例展示实操过程。

第一步，进入 WPS 灵犀。

（1）在百度中搜“WPS 灵犀”，然后进入 WPS 灵犀官网，注册账号并登录。可以看到，WPS 灵犀提供了“DeepSeek R1”“读文档”“生成 PPT”等多种功能，如图 5-36 所示。

图 5-36　WPS 灵犀功能界面

（2）单击“生成 PPT”按钮后，进入 PPT 制作界面。在交互对话框中输入提示词。该对话框的下方有 DeepSeek R1、联网搜索和上传文件 3 个功能选项，用户可根据具体需求进行选择，如图 5-37 所示。

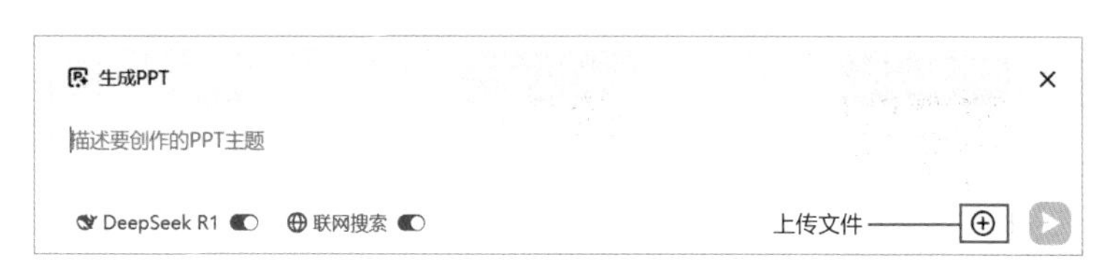

图 5-37　PPT 制作界面

第二步，根据主题生成 PPT 大纲。

（1）在交互对话框中输入提示词。这里我们复制第一种生成方式中用到的提示词，将其粘贴到交互对话框中，如图 5-38 所示。

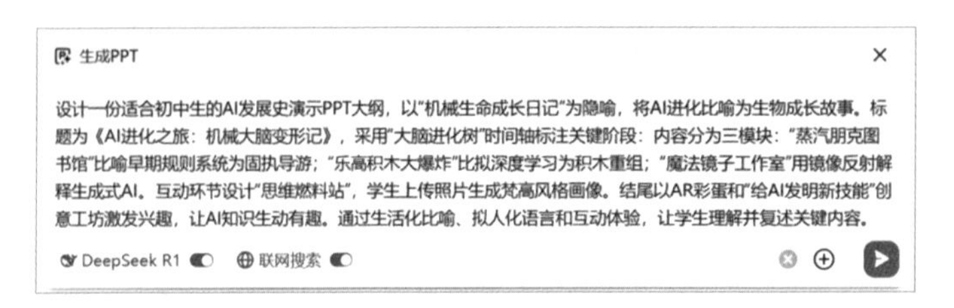

图 5-38　粘贴提示词

（2）选择 DeepSeek R1 功能，单击右下角的“发送”按钮，WPS 灵犀接入的 DeepSeek R1 便会对提示词进行解析，并生成相应的 PPT 大纲。随后，界面下方会提供“选择模板”选项，选择合适的模板后再单击“生成 PPT”按钮，如图 5-39 所示。

图 5-39　生成 PPT 大纲和选择模板

第三步，根据 PPT 大纲制作 PPT。

单击“生成 PPT”按钮后，WPS 灵犀就会根据生成的 PPT 大纲逐页制作 PPT。制作完成后的效果如图 5-40 所示。

单击 PPT 中的文字或图片，可以对其进行修改。

图 5-40　制作完成的 PPT 页面

页面上方有两行内容，第一行的左侧是 PPT 的文件名，右侧分别是“收藏文件”“去 WPS 编辑”和“下载”功能按钮；第二行是内容编辑工具栏，使用该工具栏可以对 PPT 内容进行精细化编辑。

页面左侧是预览窗格，在该窗格中可以增加或删除幻灯片。

页面右侧提供了“大纲”“模板”“对话”3 个功能选项卡。

在“大纲”选项卡中，展示了关于 PPT 的内容的写作思路。将鼠标指针悬停在 PPT 正文标题上，其右侧会显示“添加”按钮 + 和“删除”按钮，单击“添加”按钮可以添加子标题。单击“删除”按钮，则可以删除该标题内容及对应的 PPT 页面，如图 5-41 所示。

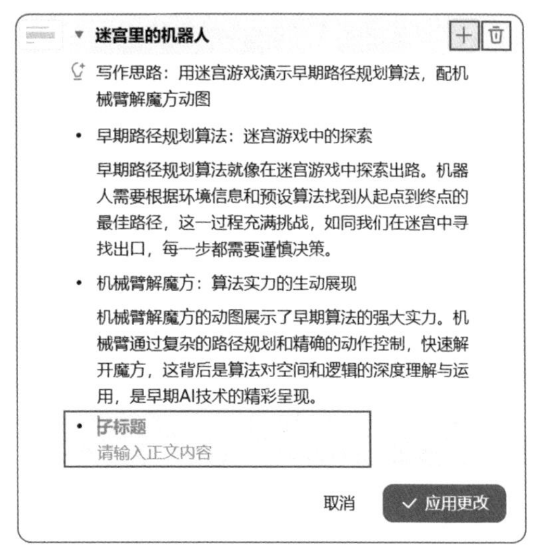

图 5-41　在“大纲”选项卡中添加子标题

单击标题后，页面内容下方会出现一个蓝色框，当鼠标指针移至蓝色框底部时，会显示一个紫色加号按钮，如图 5-42 所示。单击该加号按钮可以添加新的标题和具体的标题内容。输入完成后会自动显示“AI 生成幻灯片”按钮，单击该按钮即可自动生成相关内容，如图 5-43 所示。

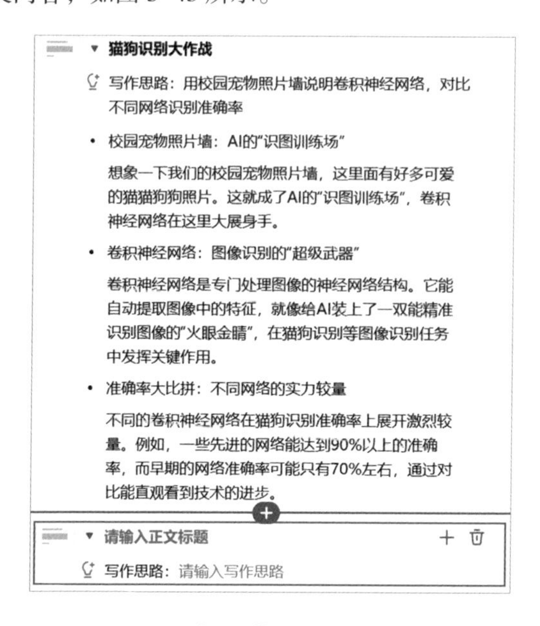

图 5-42 在“大纲”选项卡中添加新标题

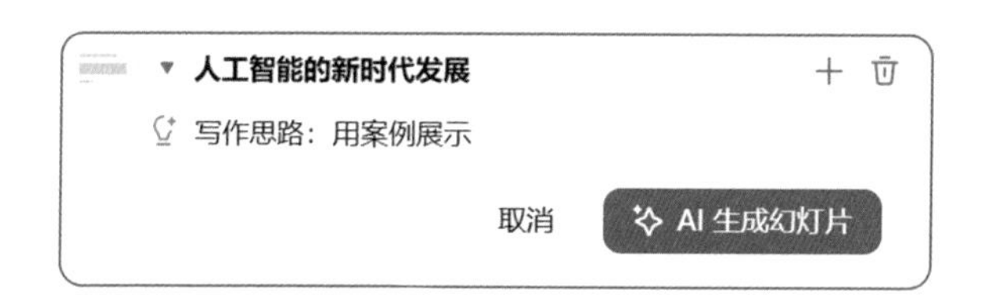

图 5-43 AI 生产新的幻灯片

在图 5-40 所示的“模板”选项卡中，可以通过可视化的方式来更换模板。进入该选项卡，单击右上角的“上传模板”按钮，可以上传 PPT 模板，如图 5-44 所示。

在图 5-40 所示的“对话”选项卡中，可以通过和 AI 互动的方式继续完善 PPT 制作思路，也可以生成其他主题的 PPT，如图 5-45 所示。

图 5-44 “模板”选项卡

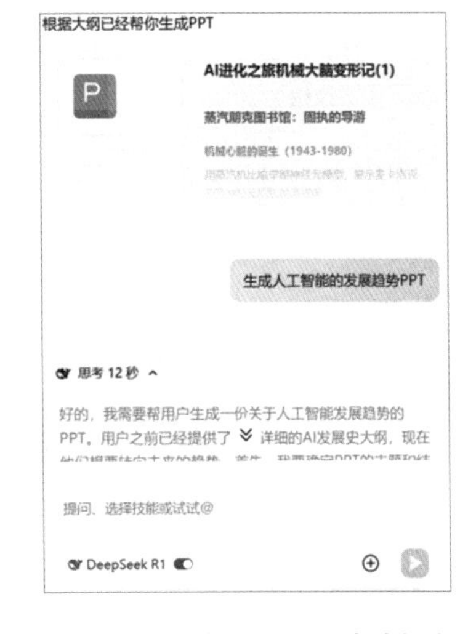

图 5-45 在“对话”选项卡中生成新主题 PPT

第四步，下载 PPT。

单击图 5-40 所示页面上方的“下载”按钮，即可直接下载制作好的 PPT。如果单击“去 WPS 编辑”按钮，可以在 WPS 中打开制作好的 PPT 文件，直接保存或继续编辑 PPT。

5.6 DeepSeek 联动飞书批量处理信息

飞书是字节跳动开发的高效协作的办公平台，功能十分丰富，提供文档、幻灯片、问卷、思维导图制作等多种功能。近期，飞书的多维表格已接入 DeepSeek，两者联动，可以实现批量处理信息的功能。

我们先介绍在飞书的多维表格中调用和配置 DeepSeek 的具体步骤。

第一步：下载和注册飞书。

在完成飞书下载后，进行注册操作。登录后进入飞书主页面，单击页面左上角的“+”按钮，在弹出的菜单中选择“创建多维表格”，如图 5-46 所示。创建完成后的页面如图 5-47 所示。

第二步：找到“附件”列，单击其右侧的“+”按钮。

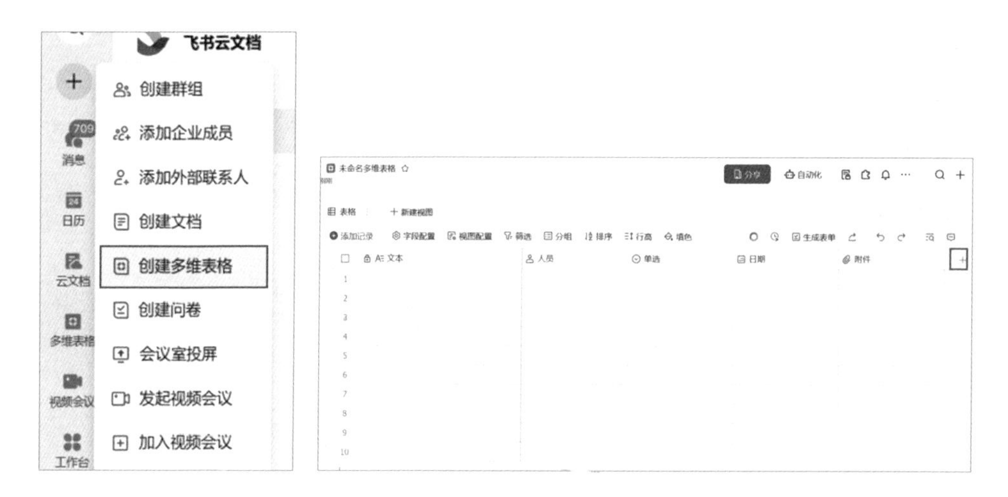

图 5-46　创建多维表格　　　　图 5-47　在飞书中创建的多维表格

这时会弹出一个配置窗口，如图 5-48 所示。在“标题”文本框中，准确填写此次执行任务的名称，以便后续快速识别与管理，如填入“总结”，该标题名也同步成为这一列的名称。完成标题填写后，单击“探索字段捷径”选项，在弹出的级联列表中，通过检索框输入“DeepSeek”，然后选择“DeepSeek R1”选项。

图 5-48　配置“附件”列信息

第三步：在弹出的面板中对 DeepSeek 进行参数配置。

其中“选择指令内容”选项用于指定操作对象，一般选择表格第一列内容；“自定义要求”文本框用于输入执行指令，也就是提示词，它决定了 DeepSeek 按照何种要求进行任务处理；接着开启“获取更多信息”功能，同时勾选“思考过程”和“输出结果”复选框，这样便能直观了解 DeepSeek 的推理逻辑及最终生成的结果；最后开启最底部的“自动更新”功能，当表格中的数据发生变化时，DeepSeek 将依据最新数据自动重新执行指令，实时更新结果，确保信息的时效性与准确性。参数配置完成后的效果如图 5-49 所示。

图 5-49　完成 DeepSeek 参数配置

第四步：效果测试。

在完成上述配置后，接下来需进行测试操作以验证 DeepSeek 在飞书多维表格中的运行效果。

（1）在“自定义要求”文本框中输入简洁的测试提示词，例如“总结内容，不超 10 字”。此提示词对应的执行逻辑为，对表格中的“文本”列内容进行精准提炼与概括，并且严格控制总结后的字数不超过 10。完成上述操作后，飞书多维表格会呈现图 5-50 所示的页面内容。

☐	A≡ 文本	总结 AI	A 总结.思考过程	A 总结.输出结果	+
1					
2					
3					
4					
5					
6					
7					
8					
9					
10					
+					

图 5-50　配置完 DeepSeek 后的多维表格页面

（2）将“狼来了”的故事文本粘贴至“文本”列的第一行。此时，已完成配置的 DeepSeek 多维表格会依据预先设定的规则自动执行，对输入的内容进行快速总结，最终呈现出不超过 10 字的输出结果，如图 5-51 所示。通过该结果能够直观地判断 DeepSeek 是否按设定准确执行任务，以及整个配置是否正确无误。

☐	A≡ 文本	总结 AI	A 总结.思考过程	A 总结.输出结果
1	《狼来了》的故事原文如下： 从前，有个放羊娃…	嗯，用户让我总结…	嗯，用户让我总结《狼来了》的故事内容，不超过10个字。首先，我需要回顾故事的主要情节。放…	失信致灾

图 5-51　配置好 DeepSeek 的多维表格按设定执行任务

完成上述四步操作，就是在飞书多维表格中完成了 DeepSeek 的配置与测试。飞书多维表格功能丰富，还有不少操作细节，可以自行探索。

下面，为了让读者更深入地了解飞书多维表格与 DeepSeek 联动的应用价值，我们以批量撰写书评为例，展示具体的实操过程。

（1）设计总体工作流。

我们的基本设想是，输入书名后，借助 DeepSeek 进行处理，输出一篇 300 字以内的简洁书评。这个工作流旨在高效利用工具，快速产出书评内容。

（2）设计提示词。

参考六定模型，我们设计如下提示词，引导 DeepSeek 生成符合要求的书评内容。

作为资深文学评论家，在信息时代，你需要为读者在知名文化媒体平台提供优质书评。目标是帮读者快速了解书籍内容，判断图书的可读性并引导读者深度思考。撰写时，先精读全书，梳理主要情节、人物或观点，从用词、结构分析写作风格，依据文学、思想、社会影响等客观标准评估价值，结合自身感悟给出真实评价。结构上开篇点明书名、作者与背景，中间阐述内容、风格、价值，结尾总结优缺点。语言要专业客观，兼具深度与通俗性，在严谨与亲和间平衡，篇幅控制在 300 字内，精准传达观点。

（3）测试流程。

完成配置后，输入一个书名信息进行测试。观察 DeepSeek 的处理过程，检查输出的书评是否符合预期，以此判断整个工作流是否运行顺畅，能否准确生成满足需求的书评。

（4）确认并批量执行。

确认工作流无误后，便可批量提供书名。此时，该工作流能够依据设定的流程和提示词，批量处理输入信息，高效地批量生成书评，大幅提升书评撰写的效率。

完整的书评批量生成的工作流及执行效果如图 5-52 所示。

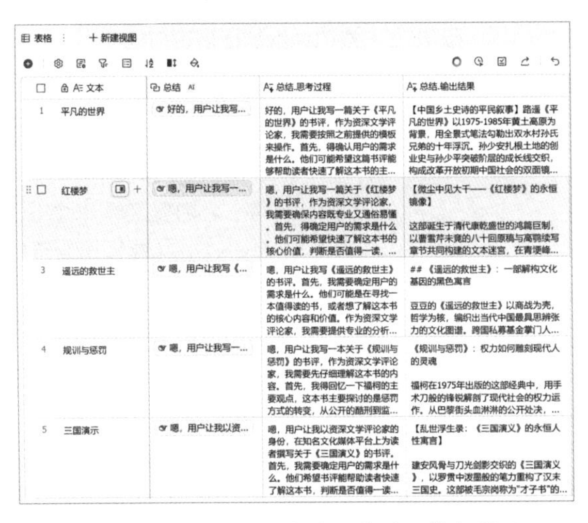

表格　+ 新建视图

	文本	总结 AI	总结.思考过程	总结.输出结果
1	平凡的世界	好的，用户让我写…	好的，用户让我写一篇关于《平凡的世界》的书评，作为资深文学评论家，我需要按照之前提供的模板来操作。首先，得确认用户的需求是什么。他们可能希望这篇书评能够帮助读者快速了解这本书的主…	【中国乡土史诗的平民叙事】路遥《平凡的世界》以1975-1985年黄土高原为背景，用全景式笔法勾勒出双水村孙氏兄弟的十年浮沉。孙少安扎根土地的创业史与孙少平突破阶层的成长线交织，构成改革开放初期中国社会的双面镜…
	红楼梦	嗯，用户让我写一…	嗯，用户让我写一篇关于《红楼梦》的书评，作为资深文学评论家，我需要确保内容既专业又通俗易懂。首先，得确定用户的需求是什么。他们可能希望快速了解这本书的核心价值，判断是否值得一读，…	【微尘中见大千——《红楼梦》的永恒镜像】 这部诞生于清代康乾盛世的鸿篇巨制，以曹雪芹未竟的八十回原稿与高鹗续写章节共同构建的文本迷宫，在青埂峰…
3	遥远的救世主	嗯，用户让我写《…	嗯，用户让我写《遥远的救世主》的书评。首先，我需要确定用户的需求是什么。他们可能是在寻找一本值得读的书，或者想了解这本书的核心内容和价值。作为资深文学评论家，我需要提供专业的分析…	## 《遥远的救世主》：一部解构文化基因的黑色寓言 豆豆的《遥远的救世主》以商战为壳，哲学为核，编织出当代中国最具思辨张力的文化图谱。跨国私募基金掌门人…
4	规训与惩罚	嗯，用户让我写一…	嗯，用户让我写一本关于《规训与惩罚》的书评，作为资深文学评论家，我需要先仔细理解这本书的内容。首先，我得回忆一下福柯的主要观点，这本书主要探讨的是惩罚方式的转变，从公开的酷刑到监…	《规训与惩罚》：权力如何雕刻现代人的灵魂 福柯在1975年出版的这部经典中，用手术刀般的锋锐解剖了现代社会的权力运作。从巴黎街头血淋淋的公开处决，…
5	三国演示	嗯，用户让我以资…	嗯，用户让我以资深文学评论家的身份，在知名文化媒体平台上为读者撰写关于《三国演义》的书评。首先，我需要确定用户的需求是什么。他们希望书评能帮助读者快速了解这本书，判断是否值得一读…	【乱世浮生录：《三国演义》的永恒人性寓言】 建安风骨与刀光剑影交织的《三国演义》，以罗贯中泼墨般的笔力重构了汉末三国史。这部被毛宗岗称为"才子书"的…

图 5-52　书评批量生成工作流及执行效果

飞书的多维表格与 DeepSeek 的高效联动，能够执行多样化的批量处理任务。这样的联动方式，还有很多适用场景。例如在项目管理场景中，能批量处理项目进度跟踪、任务分配调整等事务，项目负责人可通过设定指令，让 DeepSeek 快速分析项目数据，输出关键节点与风险预警，团队成员能依据自动更新的结果实时调整工作安排。在市场调研领域，面对海量问卷数据，借助 DeepSeek 的智能分析能力，在飞书多维表格中迅速提炼关键信息，如消费者偏好、市场趋势等，为企业制定营销策略提供有力支撑，显著提升工作效率与决策的科学性。更多的创新应用，还要读者们发挥更多的想象力。

5.7 DeepSeek 联动搭建智能体

智能体（Agent）是一种能够自动执行任务的 AI 系统。通过简单的参数配置，就可以搭建起一个简单的智能体，用以解决某一特定需求，大幅提升工作效率。大模型相当于智能体的大脑，直接决定了智能体的智能程度。现在很多智能体平台纷纷接入 DeepSeek，将其作为一个可选择的大模型，用户在搭建智能体的时候可以选择 DeepSeek 作为驱动模型。常见的智能体搭建平台如表 5-7 所示。

表 5-7　常见的智能体搭建平台

工具名称	所属平台	特点	应用场景
Dify	Dify	开源、多模型支持（OpenAI/Anthropic 等）、内置工具（如 SearXNG）、私有化部署	企业级 AI 应用开发、知识库问答、智能客服
FastGPT	环界云计算公司	基于 LLM 的知识库问答系统、可视化工作流编排、非结构化数据管理	复杂问答场景（如客服、数据分析）、快速构建 AI 应用
扣子（Coze）	字节跳动	拖拽式界面、多智能体协作、插件 / 知识库工具集成、社交平台一键部署	聊天机器人开发、多任务处理（如营销 / 客服）、企业级 SLA 服务

续表

工具名称	所属平台	特点	应用场景
腾讯元器	腾讯	支持混元大模型、无代码开发、插件 / 知识库 / 工作流工具、QQ/ 微信生态集成	社交场景 AI 助手、企业级智能体快速部署
智谱清言	智谱 AI	文档上传与管理、企业级开发能力	知识库构建、需一定技术基础的企业应用
文心智能体平台	百度	文心大模型驱动、无代码 / 低代码开发、商业闭环支持、多行业模板	行业定制化解决方案（如金融 / 医疗）、商业场景流量分发
通义智能体	阿里巴巴	多模态融合、全场景赋能、开放生态	角色对话场景（如虚拟助手）、企业工作流自动化

接下来，我们以扣子为例，展示将 DeepSeek 作为驱动模型搭建智能体的流程。

第一步：登录扣子平台并注册账户。

扣子是字节跳动打造的智能体搭建平台，功能丰富且便捷。登录扣子平台，进入平台首页，如图 5-53 所示。

图 5-53　扣子平台首页

第二步：创建智能体。

在首页单击左上角的“创建”按钮⊕，弹出“创建”对话框，选择“创建智能体”，弹出“创建智能体”对话框。这里有两种智能体创建方式：标准创建和 AI 创建。选择“标准创建”，根据需求填写相关信息。以创建书评智能体为例，填写智能体名称和功能介绍，设置好工作空间和图标，单击“确认”按钮，如图 5–54 所示。

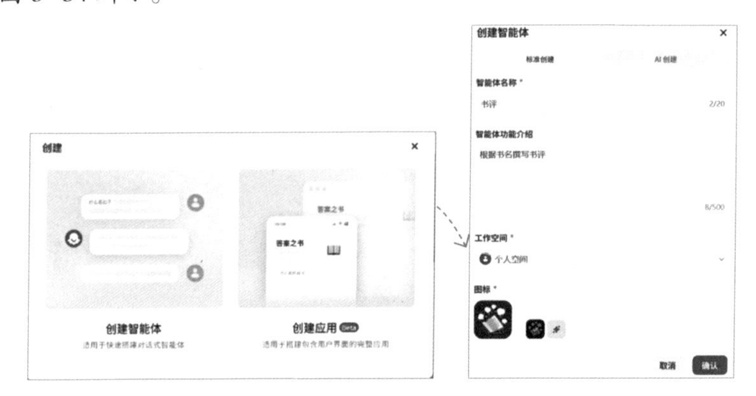

图 5–54 创建智能体

第三步：进入智能体“编排”页面。

扣子的智能体“编排”页面设计得十分精细，如图 5–55 所示。页面整体分为 3 部分：左侧是智能体模式选择和“人设与回复逻辑”功能，“人设与回复逻辑”区其实就是填写提示词的区域；中间是参数设置区，其中最上方是大模型选择功能；右侧是“预览与调试”区。

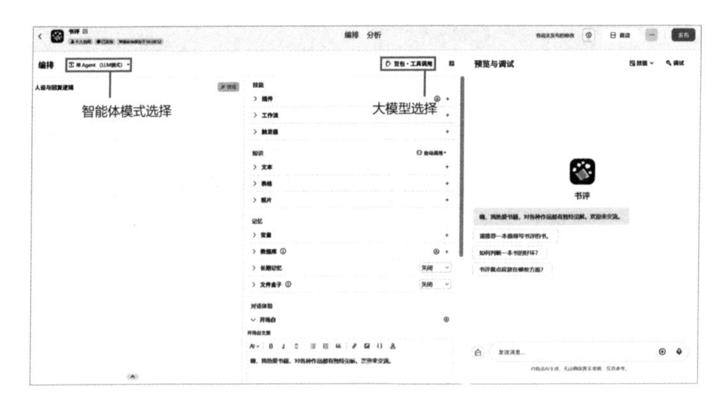

图 5–55 扣子平台的智能体“编排”页面

（1）在“人设与回复逻辑”区，根据需求简单填写提示词，例如“根据图书名字撰写书评，不超过 300 字”。填写完成后，单击该区域右上角的“优化”按钮，在弹出的列表中单击“自动优化”按钮，对提示词进行自动优化，优化完成后单击“替换”按钮，完成提示词部分的设计与撰写。

（2）在页面中间顶部的大模型选择处单击，在弹出的下拉列表中选择 DeepSeek 模型。扣子提供了多个 DeepSeek 版本，这里选择“DeepSeek-R1”即可，如图 5-56 所示。需要注意的是，扣子对 DeepSeek 的应用次数有限制。选择“DeepSeek-R1”后，参数会显示“模型不支持”的提示，可忽略此提示，直接继续下一步操作。

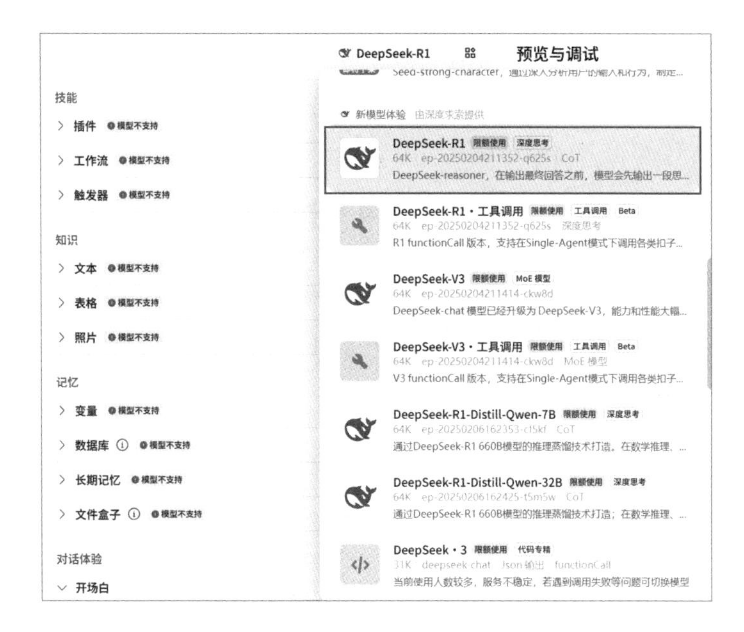

图 5-56　在扣子平台中选择 DeepSeek 模型

第四步：测试与发布。

（1）设置完成后，可以在“编排”页面右侧的“预览与调试”区中进行测试。我们在“预览与调试”区下方的输入框输入“《平凡的世界》”，单击“发送”按钮，测试效果。等待一会，智能体就生成了书评，如图 5-57 所示。

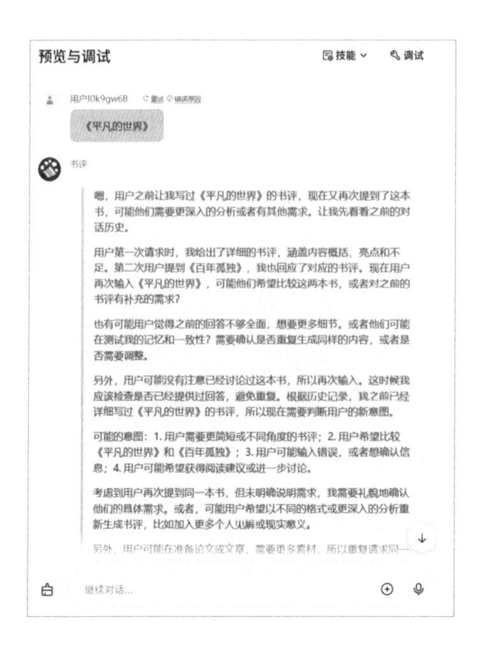

图 5-57　测试书评智能体

（2）根据智能体反馈的结果，对其设置进行相应调整。完成调整后，单击“预览与调试”区右上角的“发布”按钮，进入发布界面，如图 5-58 所示。

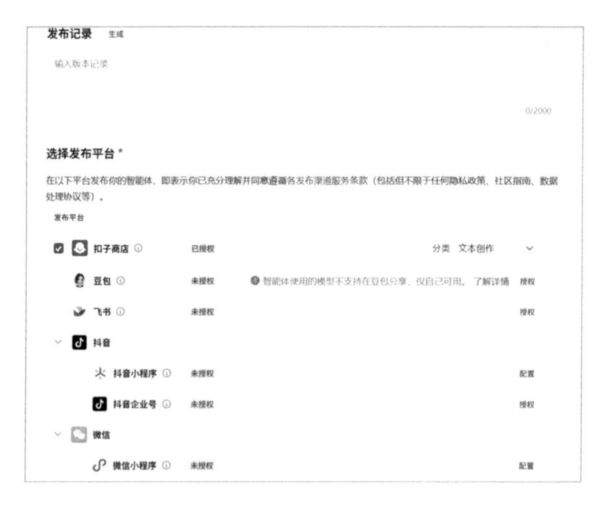

图 5-58　发布界面

（3）“扣子商店”为默认发布平台，用户可根据需求配置其他平台。完成选择后，再次单击页面右上角的“发布”按钮，智能体即可成功发布至扣子商店，如图 5-59 所示。已发布的智能体不仅可供自己使用，同时也会同步至扣子商店，供其他用户体验和使用。

图 5-59　发布后的书评智能体

以上案例仅展示了在扣子上搭建一个最基础的智能体的操作流程。还有很多非常细化的操作和设置，大家可以自行探索。除了扣子外，腾讯元器、文心智能体等平台也接入了 DeepSeek，每个平台都有其独特优势。大家可根据实际需求选择合适的平台进行智能体开发与使用。

5.8 DeepSeek 联动管理知识库

DeepSeek 支持用户通过上传附件来解析和处理本地材料或数据，其强大的数据处理能力为用户提供了便捷高效的解决方案。不过，目前 DeepSeek 仅支持单次上传的模式，这在处理大批量资料时存在一定的局限性。如今，一些平台已支持批量资料的存储和管理，能够为用户创建专属知识库，并通过联动 DeepSeek 实现材料的整体处理，大幅提升用户的使用体验与工作效率。

目前，可与 DeepSeek 联动进行知识库管理的平台有很多。下面将以腾讯旗下的 ima 为例，为读者演示利用 DeepSeek 构建和管理知识库的具体流程。

第一步：从官网下载 ima。

进入 ima 官网，如图 5-60 所示。该官网提供了 Mac 和 Windows 客户端的下载链接，用户可以根据自己计算机的操作系统类型选择相应的链接并完成下载和安装。此外，官网也提供了微信小程序等方便在移动端使用的入口，用户可根据需要使用。

图 5-60　ima 官网的首页

第二步：设置 ima。

这里安装的是 Windows 客户端。安装完成后，打开 ima，注册账号并进入 ima 首页后，单击左上角头像图标，进入到设置页面，在“通用设置”组的“首选大模型”下拉列表框中选择“DeepSeek”，如图 5-61 所示，这样就可在使用过程中优先调用 DeepSeek。其他选项可根据个人需求进行设置和调整。

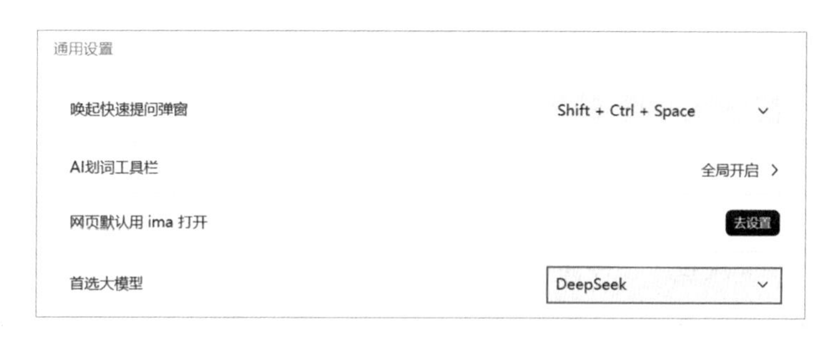

图 5-61　在 ima 中进行参数设置

第三步：建立专属知识库。

回到 ima 首页，可以看到交互对话框中的默认大模型已经显示为 DeepSeek 了，如图 5-62 所示。

图 5-62　设置后 ima 首页默认使用 DeepSeek

首页左上角有两个主要功能按钮："知识库"按钮和"笔记"按钮，这两者都可以视为专属知识库的管理入口。以下是创建专属知识库的几种方式。

方式一：从首页添加材料。

在首页的交互对话框中，可以直接输入提问内容、粘贴网址，或者通过上传附件、截图等按钮上传相应的内容。按下键盘上的"Enter"键，DeepSeek 便会对这些输入信息进行解读和分析。解读完成后，可以通过对话页面右下角的"记笔记"功能将内容保存到笔记库，或者单击右上角的加入个人知识库功能按钮，将其保存到个人知识库中。

例如，我们上传了一篇论文，在交互对话框中输入"请总结这篇论文的核心观点"，如图 5-63 所示。按下"Enter"键，ima 便会使用 DeepSeek 对这篇论文进行解析。

图 5-63　在 ima 上传论文并进行解析

在解析完成后，单击右上角的按钮，即可把这次对话的生成内容添加到个人知识库中，如图 5–64 所示。

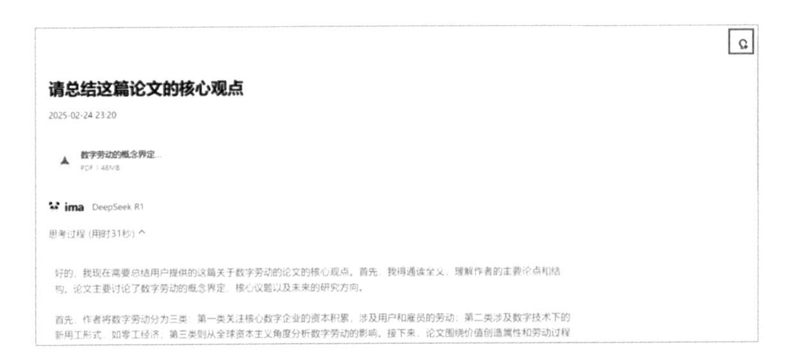

图 5–64　将生成的内容添加到个人知识库中

方式二：从知识库添加材料。

单击图 5–62 所示首页左上角的“知识库”按钮，进入“个人知识库”页面进行操作，如图 5–65 所示。

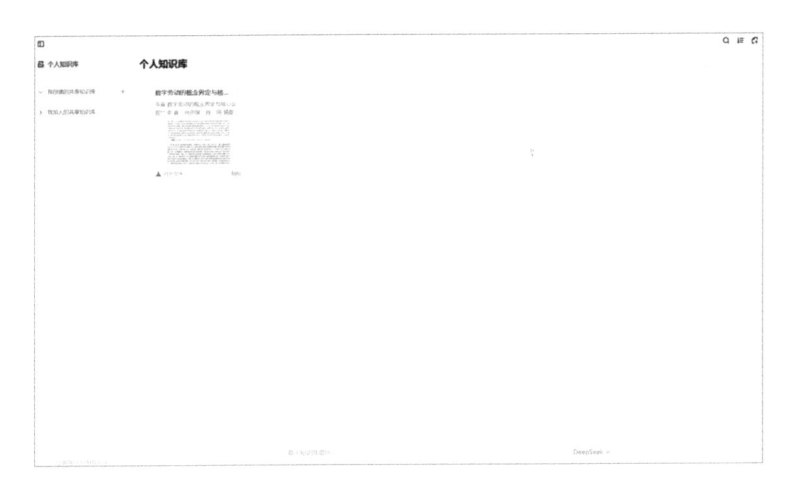

图 5–65　ima 的“个人知识库”页面

在“个人知识库”页面的左侧，提供了共享知识库功能。该功能支持用户与他人分享知识库内容，也支持用户邀请他人共同参与知识库的创建和管理，如图 5–66 所示。

图 5-66　创建共享知识库

"个人知识库"页面的右上角提供了检索按钮 、排序按钮 和上传附件按钮 ，可以通过上传附件按钮上传本地材料至个人知识库。

同时，页面下方有一个交互对话框，支持基于知识库进行互动，如图 5-67 所示。

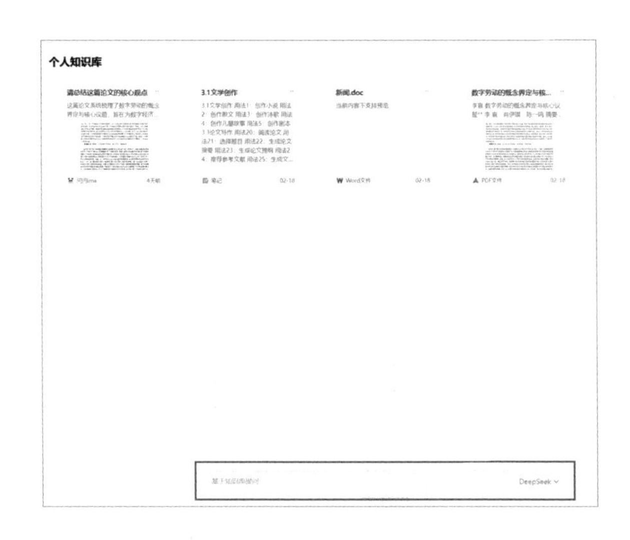

图 5-67　"个人知识库"页面下方的交互对话框

方式三，将笔记添加到知识库。

单击 ima 首页左上角的“笔记”按钮，进入笔记使用页面。笔记使用页面顶部提供了一系列笔记编辑按钮，右上角是“添加到知识库”和“问问 ima”两个按钮，如图 5-68 所示。单击“添加到知识库”按钮，即可将笔记内容同步到个人知识库；单击“问问 ima”按钮，可以与笔记内容进行交互对话，对话记录同样可以保存到笔记中。

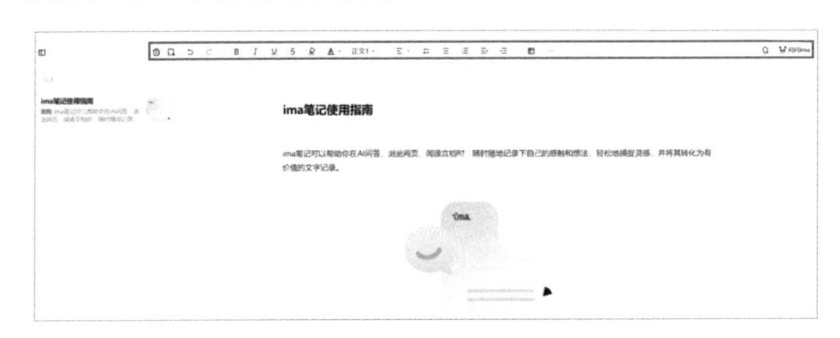

图 5-68　笔记使用页面

方式四：通过微信小程序将材料添加到知识库。

这需要安装图 5-60 所示的“微信小程序”。安装完成后，在微信中打开 ima 小程序，在打开的页面上单击右上角的“导入”按钮，就可以通过微信文件、本地相册或拍照等方式上传材料至知识库，如图 5-69 所示。

图 5-69　从 ima 小程序端上传资料

此外，还可以便捷地保存微信公众号文章，方法是：打开一篇微信公众号文章后，单击页面右上角的按钮，如图 5-70 所示。选择“更多打开方式”选项，然后选择 ima 知识库”，即可将文章保存到知识库中，方便后续查阅和管理。

图 5-70　将公众号文章保存到知识库

第四步：基于知识库进行互动。

完成知识库搭建后，可以直接在知识库中与材料进行互动。在知识库页面底部有一个交互对话框，从中可选择与所有材料或部分材料进行互动。

例如，我们在知识库中上传了两篇以“数字劳动”为主题的论文。在交互对话框中输入“什么是数字劳动？”，ima 会自动检索知识库中相关文档的内容，并基于检索结果生成回答，如图 5-71 所示。

图 5-71　根据问题检索到两篇参考文献

有了专属的知识库，就能借助 DeepSeek 强大的理解能力，以对话的方式快速获取相关信息、解答问题，不仅免去了重复上传附件的烦琐操作，还能方便地保存和管理互动内容，提升效率和便捷性。

ima 还有许多精细化的功能，读者可以多多探索和体验。

除了 ima 之外，秘塔 AI 搜索、Get 笔记等平台也同样支持搭建知识库或专题笔记库。不过，每个平台的逻辑和功能侧重点各有不同，建议根据自己的具体需求选择适合的工具。

5.9 DeepSeek 联动检索信息

信息检索是日常生活和工作中不可或缺的重要环节，检索方式也随着技术的进步不断演化。生成式人工智能的出现，将信息检索与 AI 深度结合，不仅显著提升了检索效率，还大幅提高了检索质量。

虽然 DeepSeek 具备联网功能，但在检索技术和检索结果方面，与专业的搜索引擎公司相比仍存在一定差距。然而，随着 DeepSeek-R1 的推出，许多信息检索平台纷纷接入 DeepSeek，以不断优化自身的检索能力，提升竞争力并更好地满足用户需求。目前，接入 DeepSeek 的一些常用信息检索平台如表 5-8 所示。

表 5-8　接入 DeepSeek 的一些常用信息检索平台

平台名称	核心特点	应用场景
Perplexity AI	提供实时信息、引用来源，支持多语言模型切换，答案较简洁准确	面向研究人员、学生、记者等，需要快速获取可靠信息的场景
秘塔 AI 搜索	无广告干扰，信息展示结构化，支持思维导图、大纲生成，同时对中文语境进行了优化	高效检索、深度研究，适合职场或学术场景
天工 AI	智能化信息检索，专注于国内市场的 AI 搜索工具	面向国内用户，需要智能化检索的场景
百度	用户基数大，品牌知名度高	日常检索

续表

平台名称	核心特点	应用场景
微信搜一搜	和微信一体，用户基数大	移动场景下的信息检索

下面以秘塔 AI 搜索为例，演示实际操作流程。

秘塔 AI 搜索是上海秘塔网络科技有限公司（以下简称秘塔）推出的一款专注于 AI 搜索的产品，其主界面如图 5–72 所示。

图 5–72　秘塔 AI 搜索主界面

秘塔 AI 搜索的主界面非常简洁，中间区域为查询对话框，用户可以直接在该对话框中输入需要检索的问题。查询对话框底部的功能按钮依次为搜索模式选择、长思考・R1，以及上传图片按钮和发送按钮。开启“长思考・R1”功能，即启用 DeepSeek 功能。

查询对话框下方提供了 3 种搜索模式：简洁模式、深入模式和研究模式。

简洁模式的特点是注重快速响应，检索速度快，但检索结果相对简要。深入模式的特点是检索范围更广，展示更为全面和详尽的检索结果。研究模式是专为学术研究设计的，针对科研文献进行深入检索。

研究模式又包括两种子模式：先想后搜和先搜后扩。

（1）先想后搜。这是秘塔推出的 Shallow Research 模式，采用“小模型 + 大模型”协同架构，复杂的推理任务（如框架思考和步骤拆解）由 DeepSeek–R1 负责，而快速的检索整合任务则由秘塔自研模型完成，基于两个模型的联动能够在 2~3 分钟内完成数百个网页的搜索与分析。

（2）先搜后扩。它的工作步骤是，先快速搜索资料，然后自动挖掘出隐藏的关联信息。例如检索“电动汽车电池”，首先会全网搜索最新的报告、论文等，并提炼出关键点；接着自动联想“电池成本下降趋势”“充电技术瓶颈”等延伸问题，再搜索一轮补全细节；最后整理成带有分析的报告。

图 5-73 所示为秘塔 AI 搜索的研究模式的两种子模式所对应的选项。

图 5-73　秘塔 AI 搜索的研究模式的选项

秘塔 AI 搜索的检索结果会以注释的方式标明信息来源，这不仅提升了结果的真实性，还增强了数据的准确性和用户的可信度。

秘塔 AI 搜索除了强大的搜索功能外，还提供知识库管理等多种实用功能，大家可多多探索。

本章主要探讨了 DeepSeek 与其他 AI 工具的联动，以满足用户在数字化时代的多元化需求。通过与图像生成工具、视频生成工具、音乐生成平台、流程图制作工具、PPT 生成工具、飞书多维表格、智能体搭建平台、知识库管理平台及信息检索平台的协同合作，DeepSeek 实现了文本推理能力的拓展，其应用范围覆盖了从图像、视频、音乐生成到流程图制作、PPT 制作、信息管理和检索等多个领域，创造了“1+1>2”的协同效应。

本章小结

DeepSeek

第6章

DeepSeek 的多场景应用

在人工智能技术的浪潮中，DeepSeek 凭借其独特的深度推理能力和开源生态优势，正逐渐渗透至社会经济的各个领域，成为驱动智能化转型的通用基础设施。目前，国内的腾讯、百度、阿里巴巴、字节跳动，以及微软、英伟达等国内外巨头公司都已经宣布接入 DeepSeek，以探索更多的场景化落地解决方案。所以，DeepSeek 的核心价值不仅在于技术突破，更在于通过场景化落地与生态共建重塑行业生产力。在本章中，我们围绕一些典型行业的代表性应用场景，结合六定模型的指导思路，精心整理并提供了贴合行业需求的 DeepSeek 提示词模板及具体案例。这些内容旨在帮助读者快速落地 DeepSeek 的生产力，实现高效且实用的场景化应用。

6.1 DeepSeek 提示词模板使用说明

在介绍 DeepSeek 的多场景应用中，我们挑选了 10 个大类，每一个大类下又细分了多个具体场景。针对大类，我们提供通用模板，供参考使用；针对具体场景，提供了具体提示词。考虑到个性化需求，这些提示词可能并不符合实际需求，读者可以参照以下方法，在 DeepSeek 的辅助下生成符合自己需求的提示词。

1. 基于已有的通用模板撰写特定提示词

参考提示词：我想撰写 [某场景] 的提示词，请基于以下通用模板撰写，参考通用模板：（略）。

例如，若想基于文学创作通用模板撰写宋词的提示词，可以这样提问：

我想撰写 [宋词写作] 的提示词，请基于以下通用模板撰写，参考通用模板：（略）。

在生成初稿后，根据自己的具体需求或素材不断追问，反复优化提示词，直至满意。

2. 基于具体场景提示词案例撰写特定提示词

参考提示词：我想撰写 [某场景] 的提示词，请参考以下案例的提示词结构，仿照进行设计。具体案例：（略）。

同样设计一个撰写宋词的提示词，可以这样设计：

我想撰写 [宋词写作] 的提示词，请参考以下案例的提示词结构，仿照进行设计。具体案例：（略）。

同样地，生成初稿后，可以补充具体想法或内容，通过追问方式反复调整，直至得到理想的提示词。

3. 长文本输出问题的解决方法

DeepSeek 输出内容受上下文限制，默认单次输出 4K token，大约 2000 字。如需输出更长的文本，可采用以下几种方式处理。

第一种方式：指定输出字数，即明确要求输出的具体字数。例如，“请输出 500 字内容”。

第二种方式：分次输出长文本，即将内容分批生成。例如，“请分 3 次输出，总计 5000 字的内容”。这样就能根据提示词得到更丰富的内容了。

4. 输出流畅文本的解决方法

DeepSeek 的强推理特性使得它的信息处理能力特别强，但同时也直接影响文本的输出形式。DeepSeek 通常以清晰的信息传递为优先目标，因此倾向于将内容分点呈现，或者以分层的方式进行罗列。这种输出结构虽然逻辑清晰，但往往给人一种框架性、条列化的印象，难以满足某些对流畅性和连贯性要求更高的场景需求。那么，有没有办法调节这种特性，生成自然流畅的文本呢？答案是肯定的，我们可以通过设计提示词的方法灵活解决这一问题。

在提示词中，可以明确表达要求，强调避免内容分点和框架化的呈现方式，着重提升段落之间的自然衔接和流畅性。例如，在提示词中注明“请避免使用分点结构或标题，注重段落之间的连贯性”“不要使用项目符号或条目式结构”“避免技术性分点罗列，多用连贯叙述式风格”，等等。

以下是一个更具体的示例：

请以连贯的叙事风格撰写一篇关于环境保护的短文，避免使用分点结构或标题设计，注重段落之间的自然衔接。可以参考散文或杂志文章的写法，语言需生动且具体。

通过以上方式，DeepSeek 能够更好地调整所生成的文本风格，从而满足更高的创作要求。

6.2 文学创作

文学创作是以语言文字为媒介，通过艺术化叙事和审美化表达传递人类思想情感的创造性活动。文学创作的核心特征就是创造性和审美性，既要打破常规，重构想象，又要注重语言的形式美与意境美，通过隐喻、节奏等手法增强感染力。人工智能时代为文学创作带来结构性变革，未来文学发展将走向人机共生的新范式，人类创作者的核心价值将更聚焦于提供独特的生命感悟与哲学思考。这里我们整理了文学创作通用提示词模板，并通过小说创作、散文写作、诗歌创作、儿童故事、剧本编写 5 个应用场景展示了该模板的应用方法。我们希望每位读者都能灵活运用此模板，开启属于自己的文学探索之旅，挖掘无限可能。

文学创作通用提示词模板

定角色：[作家类型]（需具备 [创作年限] 经验，代表作类型为 [作品类型]）
定背景：面向 [目标读者] 的 [文学体裁] 创作，需在 [字数限制] 内完成，主题方向为 [核心主题]
定目标：达成 [情感传递目标]，塑造 [人物 / 意象] 的 [特质维度]，实现 [文学效果]
定方法：运用 [创作手法] 构建 [叙事结构]，融合 [特色元素]，采用 [修辞技巧] 增强表现力
定结构：按 [章节划分方式] 推进，包含 [起承转合节点]，[关键情节] 占比不少于 [比例]
定基调：使用 [语言风格] 表达，保持 [情感浓度] 的 [氛围基调]，[方言 / 术语] 占比控制在 [比例]

小说创作（悬疑题材）

你是一位擅长社会派推理的悬疑小说家。在现代都市背景下，围绕一场“完美犯罪”展开，读者为 18~35 岁的年轻群体，撰写 2000 字短篇小说，核心揭示人性贪婪与救赎，采用双线叙事（警察侦查线 + 凶手心理线），加入天气象征（暴雨暗示危机）。小说结构： 1. 引子（离奇死亡现场）；2. 双线并行（侦查受阻 / 凶手布局）；3. 交叉点（关键物证出现）；4. 反转（真凶身份颠覆）；5. 开放式结局 。语言冷峻紧凑，每章结尾留悬念，禁用超自然元素。

散文写作（乡愁主题）

你是一位擅长地域文化书写的散文作家。在21世纪初的中国城市化进程中，聚焦江南水乡的变迁，撰写800字抒情散文，表达消逝的乡土记忆，使用五感联觉法（如青石板路的触感/糯米糕的香气），穿插方言俚语。散文结构：1.现在时空（冰冷写字楼）；2.回忆“闪回”（老屋、祠堂或市集）；3.对比蒙太奇（推土机与乌篷船）；4.哲思升华（传统与现代的撕裂）。文字细腻怀旧，每段嵌入一个比喻，避免宏大叙事。

诗歌创作（自然意象）

你是一位融合道家思想的自然主义诗人，终南山隐士生活观察者，读者为诗歌爱好者群体。创作一组5首七言绝句，呈现物我两忘境界，采用意象并置（如松针、蝉蜕、溪石）手法，使用通感修辞（颜色对应声音）。绝句结构：晨雾（视觉朦胧）—午磬（听觉空灵）—暮霞（色彩渐变）—夜禅（心境转化）—总结（天人合一）。语言凝练留白，押古韵但不拘平仄，禁用直抒胸臆。

儿童故事（科普启蒙）

你是一位擅长动物拟人化的儿童文学作家，面向6~9岁的儿童传递科学常识，创作800字短篇故事，解释雨水循环原理，使用角色任务制（小松鼠找水源），加入互动问答环节。故事结构：1.问题引入（池塘干涸）；2.探险过程（遇见云朵/溪流/地下水）；3.知识解密（水博士猫头鹰讲解）；4.实践应用（挖引水渠）。对话内容占60%，每页配拟声词（如哗啦啦），禁用抽象概念。

剧本编写（历史题材）

你是一位考据严谨的历史剧编剧，剧本背景是南宋临安城茶商家族的兴衰，观众为文化纪录片受众，完成45分钟单元剧剧本，展现海上丝绸之路贸易细节，采用多视角叙事（家主、账房、航海师），还原宋代市舶司文书用语。剧本结构：第一幕为瓷器装船（贸易流程展示）、第二幕为风暴遇险（矛盾爆发）、第三幕为香料谈判（文化冲突）、尾声为账本特写（历史留痕）。对白半文半白，每一幕均标注服装、化妆、道具的考据来源，禁用戏说改编。

6.3 学术研究

学术研究是以系统化方法论探索知识边界、验证理论假设的智力活动。学术研究的核心特点是创新和科学。在创新层面，研究者通过文献批判与理论对话构建知识坐标系，突破既有认知框架，提出创新研究观点；在科学层面，研究过程必须遵循可验证的方法论体系，强调证据链的逻辑自洽、研究设计的可重复性以及结论的可证伪性。传统学术研究呈现线性递进特征，从问题提出到成果发表往往需要经历数月时间。人工智能技术正在重塑学术研究范式，未来学术生态将形成人机协同的新平衡，研究者核心能力将转向提出原创性问题与构建解释性理论框架，而人工智能则将成为助力工具，负责海量数据的处理、模式的发现以及复杂分析的自动化。这里我们整理了学术研究通用提示词模板，并通过文献检索、论文选题、研究设计、文献综述、研究方法、理论框架 6 个应用场景展示了该模板的应用方法，旨在为大家提供实用的参考，启发应用思路。

学术研究通用提示词模板

定角色：[研究者身份]（需具备 [专业领域] 背景，掌握 [研究方法] 技能）
定背景：针对 [研究领域] 的 [具体问题]，面向 [目标期刊 / 受众] 的学术研究
定目标：完成 [成果类型]（论文 / 报告），解决 [核心问题]，填补 [理论 / 实践] 空白
定方法：采用 [方法论体系]，整合 [研究工具]，建立 [分析模型] 验证假设
定结构：遵循 [学术规范]，包含 [章节模块]，重点章节占篇幅 [比例]
定基调：使用 [学术语言风格]，[专业术语] 占比 [比例]，保持 [客观 / 批判] 视角

文献检索（医学）

你是一位医学信息学专家，需在 24 小时内为《柳叶刀 – 肿瘤学》的系统综述完成 AI 辅助癌症筛查的文献检索。使用 PubMed 与 Web of Science 平台，设置精准率大于 90% 的标题筛选规则，优先检索 2015 年后顶刊的文献，最终输出 30 篇高质量论文（至少含 10 篇 *Nature Medicine* 的文章）。

禁用非同行评审文献，结果以表格（作者 / 年份 / 核心结论）呈现，需追溯高被引文献的引文网络。

论文选题（跨学科）

作为材料科学与环境工程交叉领域的专家，你需要为博士生设计符合 NSFC 优先资助方向的低碳材料选题。通过 VOSviewer 分析近 5 年的文献热点，结合《中国碳中和白皮书》的政策文本挖掘，生成 5 个创新选题（避免与 2022—2024 年顶刊重复）。要求聚焦应用基础研究，例如“生物基复合材料在 CO_2 捕获中的界面效应机制”，禁用纯理论推导型课题。

研究设计（心理学）

你是一位具有 3 年社会科学实证经验的研究方案设计师，需要设计社交媒体使用对青少年抑郁情绪影响机制的研究框架。采用纵向追踪与实验干预混合设计，通过 EMA 方法采集 800 名城乡青少年的 PHQ-9 量表数据（男女比 1 : 1）。明确自变量为使用时长和内容类型，每 3 个月进行追踪测量，向干预组推送正念训练内容。技术细节需用流程图展示，统计学术语占比不超过 30%，排除主观推测表述，确保 Cronbach's $\alpha>0.8$。

文献综述（社会学）

作为联合国妇女署特聘性别研究专家，你需要为《社会学研究》撰写 12000 字的“平台经济中的女性职业重构”十年研究综述。要求通过 SPIDER 框架筛选文献（如研究对象需包含网约车司机、直播主播、社交电商从业者），最终纳入 80 篇核心文献（其中 20 项含 Gini 系数、Logit 模型等量化分析的实证研究）。重点对比：1. 技术赋权理论下女性创业率提升证据（引用 2018 年阿里研究院县域电商数据）；2. 算法管理如何加剧母职惩罚（分析 2022 年《社会》期刊关于育儿时间的追踪研究）。使用 JBI 工具评估质性研究可信度（如信息饱和度的达成描述是否完整），每章节结尾提出待验证假设（如短视频平台美颜技术是否强化职业性别刻板印象）。

研究方法（教育学）

你作为教育政策评估专家，需设计“双减”政策与县域教育公平混合研究方案。要求 5 天内完成两阶段设计：1. 量化阶段，通过分层抽样收集 30 个县市的 5000 份学生成绩数据，计算校际差异基尼系数（置信区间 95%）；2. 质性阶段，对 50 名校长、教师或家长进行半结构化访谈，重点分析课后服务资源配置差异。最终使用 Joint Display 技术整合数据，如将高基尼系数县域与访谈中的财政投入描述进行矩阵对照，所有结论需通过方法三角互证。

理论框架（社会学）

你作为批判社会学理论家，需融合马克思的异化劳动、福柯的生命政治、鲍曼的液态现代性三大理论，解释平台经济中的劳动尊严危机。要求：1. 从马克思的劳动资料剥夺理论推导出平台数据私有化进程；2. 结合福柯的规训技术证明算法评分如何制造自我审查；3. 运用鲍曼的液态现代性理论批判零工经济的契约脆弱性。最终提出液态阶级与算法弥散权力两个新概念，所有论证必须直接引用三大理论原典，禁用实证数据。

6.4 职场办公

办公效率是组织或个人在有限时空内实现工作目标的最优投入产出比。技术革新是办公效率提升的重要路径，通过技术的不断进步和创新，工作模式得以优化，流程效率明显提升，资源配置更加合理。人工智能时代，办公效率的提升已从单一工具革新演变为智能技术生态的深度重构，成为贯穿工具、流程、数据和决策的全方位变革力量。当然，技术革新不仅是一种提升效率的工具，更是一种推动办公理念变革的重要引擎。这里我们整理了办公效率提升通用提示词模板，并通过时间管理、会议纪要整理、任务规划、日程安排、日报周报、会议通知 6 个应用场景展示该模板的应用方法。灵活运用该模板，将使日常办公变得更加得心应手。

办公效率提升通用提示词模板

定角色：具备 [3~5 年] 经验的 [行政 / 项目经理 / 团队负责人]，擅长使用 [效率工具名称] 优化流程

定背景：面向 [企业规模 / 部门类型] 的 [具体场景]，需在 [时间 / 资源限制] 内完成，核心矛盾为 [效率痛点]

定目标：实现 [核心成果]，提升 [关键指标] 达 [数值比例]，减少 [时间浪费环节]

定方法：基于 [管理理论 / 工具框架] 设计流程，运用 [效率工具组合]，通过 [协作机制] 保障执行

定结构：按 [步骤划分] 推进，包含 [关键节点]，[核心环节] 耗时占比不超过 [比例]

定基调：使用 [语言风格] 呈现，保持 [情感色彩] 的 [专业程度]，[行业术语] 占比控制在 [比例]

时间管理（产品经理）

你作为 Microsoft To Do 认证的时间管理教练，需为互联网产品经理设计每日计划模板，要求处理 5 个并行项目时，将事务性工作压缩至 2 小时。采用四象限分类法区分任务优先级，运用 25+5 分钟的番茄钟划分时间块，设置在生理黄金时段（如 10:00—12:00）安排创意工作。模板需包含晨间 10 分钟规划模块（会议预留 + 紧急分类）、6 个深度工作番茄钟（单任务模式 + 干扰隔离）、15 分钟晚间复盘（完成率统计 + 时段效能分析）。使用红色标注超时任务，每项附加任务预计耗时（如需求评审 45 分钟），禁用模糊时间表述。

会议纪要整理（行政助理）

作为熟练使用“讯飞听见”的行政助理，需在 30 分钟内整理跨部门会议录音。采用三级标题结构记录技术、市场、财务三部门的讨论内容，包括基础信息（主题、时间、参会人列表）、议程跟踪（各议题实际讨论时长）、决策记录（结论、执行人、截止日期）、待办清单（未决议题）。使用★符号标记待跟进事项，使用 ※ 符号标注风险点，技术参数保留原始数据（如服务器预算￥235,000），部门争议内容用灰色底纹标注。输出格式为带表格的 Word 文档，禁用主观评价性语句。

任务规划（IT 项目经理）

作为科技公司 IT 项目经理（5 年经验），需在 2 周内完成智能客服系统升级项目，协调 3 个技术团队与产品部门。请拆解出 25 项可执行子任务，重点保障核心模块（如 API 重构、压力测试）资源充足。采用四象限法区分任务优先级。例如，周一的 9:00—10:00 与产品总监确认验收标准（如并发承载量提升至 1 万 / 秒），周三的 14:00 召开需求会并产出纪要模板。使用 RACI 矩阵明确每项任务的责任人（如张伟负责 API 重构，王芳提供测试支持）。每日 17:00 检查进度，标注数据库迁移与第三方服务商对接的风险节点。要求任务描述包含精确耗时（如“压力测试用例编写：2 人日”）、交付物标准（如会议纪要需列明争议项决策结果），禁用“尽快”“酌情”等模糊表述，技术术语如 API 需注明“应用程序接口”。

日程安排（行政专员）

作为精通飞书日历的行政专员，需安排高管跨国差旅日程。使用双时区视图（如北京 09:00/ 纽约 20:00）标注所有会议，刚性事务安排在认知高峰时段（如当地 10:00—12:00），弹性缓冲时间占比不低于 15%。日程单需要包含机场代码（如 PEK → JFK）、航站楼地图截屏、跨平台同步提醒（Outlook+ 手机日历 + 智能手表）。健康管理模块设置强制提醒（如每 4 小时饮水提示），交通接驳预留时间为实际耗时的 1.5 倍（如车程 30 分钟，则预留 45 分钟）。

日报周报（撰写）

作为互联网公司市场活动策划专员（3 年经验），今日需向直属上级汇报工作。部门当前核心 KPI 为提升用户增长转化率，请在 350 字以内重点说明：已完成 3 项核心任务（标注耗时，如 15:00—17:30 完成 6 · 18 促销 H5 页面 AB 测试），展示数据成果（如实验组转化率较对照组提升 12%），说明 1 个关键障碍及解决过程（如设计部资源冲突导致素材延迟 2 小时，已通过跨部门会议协调），明确明日首要任务（如优先处理用户调研数据清洗）。要求量化数据占比≥ 50%，使用“优化”“触达”等积极动词，禁用模糊表述，技术术语占比≤ 15%。

会议通知
（总经办秘书）

作为上市公司总经办秘书，需要提前 3 个工作日发送跨省市视频会议通知。明确标注会议时间（含时区）、视频平台链接及主持人信息。

按部门划分核心议题模块（每项限时 15 分钟），列明需预阅的文档内网路径。要求参会者在指定截止时间前完成三项确认：参会回执、议题补充建议、设备测试结果。用表格呈现时间安排，★符号标注议题紧急程度（★常规，★★重要，★★★紧急），禁用“尽快”“稍后”等模糊表述，确保 90% 参会者准确掌握议程。

6.5 教育教学

教育教学是通过系统性知识传递与能力建构实现个体社会化的过程。教育教学的核心特征是目的性和发展性。教育教学的目的性指教育教学并非随意或松散的活动，而是带有明确目标和计划的过程，其根本目的是促进个体的全面发展和社会化。它不仅关注教学内容的传递，还要关注学生的身心发展以及社会所需能力的匹配与塑造。教育教学的发展性指教育教学过程是动态的、递进的，要关注个体的发展规律，因材施教，顺应个体的成长阶段与认知水平。传统教育教学受“教师—教材—课堂”模式的制约，导致教育资源分布不均衡。人工智能技术正在重塑教育教学的底层逻辑，可实现“新教师—新活动—虚拟课堂”的新模式。这里我们整理了教育教学通用提示词模板，并通过课程设计、课堂活动、教案撰写、学情分析、试卷生成、教学评估 6 个应用场景，展示该模板的应用方法。熟练掌握并灵活运用该模板，教师将能够更有效地组织教学内容，提升教学质量，优化教学流程。

教育教学通用提示词模板

定角色：[教师类型]（需具备[教学年限]经验，擅长[教学方法]）
定背景：面向[学生群体]的[学科]教学，需在[课时量]内完成，内容范围为[知识点模块]
定目标：达成[三维目标]（知识识记、技能训练、情感培养），突破[教学重难点]

定方法：采用[教学模式]（如PBL、翻转课堂），结合[教具技术]，设计[互动形式]
定结构：按[教学环节]推进（导入—新授—练习—总结），[核心探究]环节不少于[时间占比]
定基调：使用[语言风格]授课，保持[课堂氛围]，[专业术语]占比控制在[比例]

课程设计（初中物理，力学单元）

你是一位有5年初中物理教学经验的课程设计师，擅长将抽象概念可视化。现需面向八年级学生设计“浮力与密度”单元课程，要求在6课时内完成，配套实验器材为基础款。目标是使85%的学生能独立完成浮力计算，100%的学生掌握密度测量实验方法。采用“现象→原理→公式→应用”四步法，使用PhET虚拟实验平台辅助教学。课程结构包括：1. 用船只漂浮和热气球升降现象导入课程；2. 组织不同物质沉浮对比的探究式实验；3. 通过动画解析阿基米德原理；4. 设计分层练习（基础计算+开放性应用题）；5. 延伸讨论死海浮力与相关的地理知识。要求板书保留30%空白供学生补充，每15分钟穿插趣味问答，避免纯理论推导。

课堂活动（小学英语，食物主题）

作为持有TESOL证书的小学英语教师，你擅长游戏化教学。现需为40人的双语班级设计“Food Around the World”主题会话活动，要求在60分钟内提升听说能力。目标是完成10组国家—食物配对，并使80%的学生能运用“I'd like to try…”句型对话。采用任务闯关模式，结合AR卡片扫描呈现各国餐饮文化。活动流程：1. 用装有香料和水果的盲盒进行嗅觉、触觉热身；2. 餐厅角色扮演（服务员、游客、厨师）；3. 组织素食与肉食的文化差异辩论；4. 小组合作制作数字美食地图。允许20%的母语辅助，错误纠正延迟至活动后，使用夸张肢体动作强化记忆。

教案撰写（高中化学，原电池原理）

你是一位有 10 年教龄的高中化学教师，持有 STEM 相关教育资格证书。针对人教版高中化学选修 4《化学反应原理》的第四章，为高二理科班设计 45 分钟新课教案。重点突破氧化还原反应的电子转移可视化难点，需达成：1. 绘制双液原电池示意图（合格率 90%）；2. 解释盐桥作用（准确率为 85%）；3. 制作水果电池实验报告。采用 DIS 数字化实验系统采集数据，设计工程师角色扮演活动（小组竞赛改良电池效能）。教学环节包含：特斯拉电池专利分析、微观粒子动画演示、实验误差讨论和新能源企业案例分析。使用类比教学法（如用水流比喻电流），每页 PPT 中需标注思维导图关键词，实验安全提醒出现频次≥ 3 次。

学情分析

你是一位有 5 年教学经验的高中班主任，擅长通过学情分析优化教学策略。面向高一年级数学组，针对期中考试后的教学调整需求，需在 3000 字内完成学情分析报告。报告核心聚焦学生的知识掌握差异与能力发展断层。采用三维分析法（测试数据统计、学生访谈记录、课堂观察笔记），结合对比矩阵呈现班级差异。报告需包括：1. 整体学情概况（成绩分布 + 能力雷达图）；2. 知识分层分析（公式应用薄弱点、空间想象优势项）；3. 学习行为归因（预习完成率低于 40%、错题复盘率关联高分群体）；4. 定制教学建议（分层作业设计 + 思维可视化工具）。使用学术性表述搭配 20% 案例说明，避免主观评价，数据图表占比不低于 35%。

试卷生成（中学生物）

你作为中考生物命题组的成员，需要设计初二期中试卷（满分 100 分），覆盖食物链、碳循环、生物多样性单元。要求基础题占 60 分（如判断生产者定义）、提高题占 30 分（如计算能量传递效率）、拓展题占 10 分（如分析入侵物种影响），原创题不少于 40%。采用湿地公园生态情境命题，例如设计“根据水生植物分布推断水质”的选择题。试卷结构：15 道选择题（含 3 道配生态瓶示意图）、2 道实验设计题（探究细菌分解作用）、1 道能量金字塔计算题、1 道开放辩论题（评价草原灭狼政策）。题干需简洁（平均 80 字内），选项避免歧义，所有配图需经专业审核。

教学评估（中学语文）

你是一位初中语文教研组长，具有 8 年教学评估经验。面向区教育局的年度教学督导，你需要在 15 页 PPT 内呈现八年级阅读教学成效评估，重点说明名著导读模块的教学改进成果。验证“主题式阅读”教学法的有效性，展示学生批判性思维提升 25% 以上，回应“文本深读能力不足”的既往问题。使用双轨对照法（实验班与平行班数据对比）和质性访谈法（学生心得摘录及家长反馈）。内容需包含：1. 评估框架（对照课程标准与指标权重）；2. 核心数据（阅读速度、理解正确率、观点输出质量）；3. 典型个案（低分段进步案例与高分段创新观点）；4. 持续优化计划（跨学科阅读与教师培训）。采用数据驱动结论，穿插 10% 情感化学生语录，禁用“基本达标”等模糊表述。

6.6 商业服务

商业服务以价值交换为核心，通过专业化解决方案满足市场主体需求，是高度系统化的经济活动。提供优质商业服务绝非易事，服务提供者不仅要对用户需求、产品特性及服务方法有深刻的理解，还需具备娴熟的专业技能，对市场动态保持高度敏感，并拥有持续创新的能力，以灵活应对不同行业和客户不断变化的需求。

在 AI 时代，商业服务的价值逻辑被深刻重构。AI 工具不仅成为服务的辅助工具，更成为与商业服务主体紧密协同的创造主体。它帮助服务提供者更深层次地洞察市场趋势与用户需求，提供精准的数据分析和见解，并协助开发创新方案、撰写高质量报告，从而显著提升服务的效率和质量。同时，AI 工具的应用拓宽了商业服务的边界，引领行业向智能化、个性化和高效化方向加速发展。这里我们整理了商业服务通用提示词模板，并通过市场调研报告、品牌故事、营销方案、商业计划书、广告文案、合同文本 6 个应用场景，展示了该模板的应用方法。

商业服务通用提示词模板

定角色：［服务类型专家］（需具备［相关年限］经验，主导过［项目数量］个［行业领域］案例）
定背景：为［目标客户群体］提供［服务类型］，需在［时间 / 预算限制］内完成，聚焦［行业痛点 / 需求］
定目标：实现［量化指标］提升，塑造［品牌 / 服务］的［核心价值维度］，达成［商业转化效果］
定方法：运用［分析工具 / 模型］构建［策略框架］，融合［创新元素］，采用［执行手段］优化流程
定结构：按［模块划分方式］推进，包含［需求分析、方案设计、执行路径、效果评估］阶段
定基调：使用［专业度 + 亲和力］的语言风格，数据可视化占比［比例］，禁用［主观臆断表述］

市场调研报告（消费电子）

你是一位深耕消费电子领域 5 年的行业分析师，特别擅长竞品矩阵分析。现需为某智能手表厂商制定东南亚市场进入策略，预算为 15 万元人民币，执行周期为 4 周。报告需明确推荐 3 个优先进入的国家，精准识别当前排名前 3 位的竞争对手的产品弱点，并基于历史数据预测首年市场占有率。报告采用 PESTEL 模型进行宏观环境扫描，结合波特五力模型分析行业竞争态势，整合海关进出口数据、本地头部 KOL 深度访谈（不少于 20 人）、商场柜台人流量监测数据。报告结构需包含：1. 人口结构红利与政策壁垒对比（重点标注越南关税新政策）；2. 各价格带的品牌分布及渠道网络覆盖图；3.18~35 岁消费者对健康监测功能的优先级排序；4. 机会矩阵需突出性价比、防水性能、续航痛点三维度评估。数据可视化占比不低于 40%，风险提示项统一用红色边框标注，禁止出现“可能”“大概”等不确定性表述。

品牌故事（智能家居）

作为打造过智能门锁品类冠军的品牌策划师，请为智能家居新品牌“智居”撰写面向 25~35 岁新婚家庭的品牌故事。需在 1200 字内塑造科

技温度化形象，首波传播目标为的互动量不低于10万。采用“问题—突破—蜕变”框架：先描绘城市家庭的安全焦虑（如双职工照顾孩子场景），讲述研发团队攻克AI预判系统的过程（重点突出3次技术迭代），通过凌晨自动关闭煤气泄漏的案例引发共鸣，最终升华到“24小时隐形守护”的理念。要求70%内容为生活化场景描写，植入3组真实用户证言，避免使用技术参数术语。

营销方案（快消品）

作为主导过20亿元级GMV营销战役的快消品专家，请为某新锐茶饮品牌设计6·18电商大促方案。预算为800万元，需要实现天猫、抖音、私域三端联动。运用SPACE矩阵模型评估渠道的优先级，采用脉冲式投放策略：预热期通过KOC“种草”活动生成UGC内容，爆发期设置限时秒杀活动激发冲动消费欲望，长尾期定向推送满减券促进复购行为。方案需包含“Z世代”消费行为分析、达人分级合作机制、分阶段预算分配表，以及物流“爆单”应急方案。要求ROI不低于1∶5，新品销售额占比达到30%，私域新增会员数超过10万，所有数据看板需每小时更新，避免使用“可能”“大概”等不确定性词汇。

商业计划书（充电桩运营）

作为协助过3家硬件公司A轮融资的创业顾问，请为充电桩运营初创企业撰写Pre-A轮5000万元的商业计划书。需要论证3年内在15个城市铺设3000个社区充电桩的可行性，要求内部收益率达28%。计划书要重点呈现：当前社区充电桩12%覆盖率的市场缺口，智能分时共享系统（降低30%闲置率），试点项目单桩月收益2.8万元的运营数据，以及第3年营收突破9亿元的财务模型（附BNEF行业增长预测）。计划书需包含10张可视化图表（含竞品的市占率对比图、用户充电时段热力图），15%的篇幅用于政策风险分析（电网扩容限制），避免详细展示电路设计参数。

广告文案（智能扫地机器人）

作为创造过单条素材500万点击量的优化师，请为智能扫地机器人设计抖音信息流广告。目标为25~40岁的已婚女性，运用PAS公式：开场3秒用“别买扫地机！除非看完这3点”制造悬念，中段展示咖啡粉、宠物毛、长发缠绕的清洁对比实验，结尾演示 App 清洁轨迹查看和尘袋自动封装功能。需插入手持抹布弯腰擦拭的痛苦表情特写，以及清理传统尘盒的脏污画面。CTA 按钮设置“戳组件抽免单”并搭配 3 秒的客服咨询弹窗倒计时。要求 CTR ≥ 5%，CPM ≤ 30 元，评论区自然询价人数占比要大于 15%，文案使用“解放老腰”“宠物克星”等口语化短句，禁用“陀螺仪导航”“Pa 吸力”等技术术语。

合同文本（AI 图像识别技术授权）

你作为处理过中美半导体技术许可纠纷的跨境合作领域执业律师，需起草 AI 图像识别技术授权协议。合同双方为中国算法公司（许可方）与东南亚电商平台（被许可方），核心条款需满足：1. 符合《中华人民共和国技术进出口管理条例》及相关负面清单要求；2. 分润机制按净销售额计算（扣除退货金额、增值税、物流成本后的实际到账金额）；3. 明确后续技术改进成果归属（若改进涉及核心算法 30% 以上的代码，则视为新知识产权，由双方按 7：3 的比例共有）。

6.7 人力资源

人力资源，是指企业内部那些能贡献劳动、知识、技能，以及拥有创新潜力的个体总和，它是实现企业战略目标的关键因素。人力资源服务的核心任务就是通过规划、开发、激励和维护等手段，最大化地挖掘并发挥人才的价值。

随着 AI 技术的迅猛发展，人力资源管理正经历一场深刻的变革。如今，许多 HR 管理模块都可以借助 AI 技术实现智能化，如智能招聘、绩效分析及员工发展规划等。在未来，AI 在优化人力资源服务中的作用将越发显著，与人力资源服务的融合也将更加紧密，为企业的发展注入更多新的可能性。这里我们整理了人力资源服务通用提示词模板，并通过招聘文案、劳动合同、岗位说明书、企业文化、薪酬福利、团建方案 6 个应用场景，展示了该模板的应用方法。

人力资源服务通用提示词模板

定角色： 具备[3~5 年]经验的[模块名称]专家（如招聘、薪酬、培训方向），持有[相关资质证书]，擅长[具体技能，如数据分析、法律法规等]

定背景： 面向[企业规模][行业属性]企业的[管理场景]，需符合[法律法规/行业标准]，解决[现存痛点，如离职率、人效不足等]

定目标： 完成[成果名称]编制，达成[量化指标，如招聘到岗率达 95%]，实现[管理价值，如组织效能提升 15%]

定方法： 采用[方法论/工具，如 KPI+OKR 组合]，参照[标准文件，如劳动合同法]，运用[技术手段，如岗位价值评估模型]

定结构： 包含[核心模块数量]部分，需覆盖[必备要素，如权利义务/量化指标]，[法律条款/数据图表]占比不少于[比例]

定基调： 使用[正式/亲和]语言风格，[专业术语]占比控制在[比例]，禁用[模糊表述/歧视性用语]

招聘文案（Java 架构师）

你是一位深耕互联网行业 5 年的招聘专家，持有高级人力资源管理师证书。现需为一家估值 10 亿元的跨境电商企业撰写 Java 架构师招聘文案，并于 3 日内同步发布在 Boss 直聘和猎聘平台。文案需运用 FABE 法则突出“百万级 DAU 项目实战机会”，标题中必须包含“年薪 60 万 + 股权”关键词，正文需分板块说明技术栈要求（Spring Cloud/Alibaba 生态）、绩效奖金算法（项目毛利提成 3%），并添加内推奖励条款（入职满 3 月奖励 5000 元）。禁用“薪资面议”等模糊表述，技术术语占比控制在 20% 以内，结尾使用“点击沟通，解锁技术人生新副本！”等“Z 世代”语言。

劳动合同（新能源）

作为处理过 50 余起劳动争议案件的劳动法务专员，你需要为跨省经营的新能源企业制定新版劳动合同。文档需兼容 20 个省市最低工资标准差异，在主体条款中明确综合工时制计算规则，薪酬部分区分基本工资（60%）、绩效奖金（30%）、补贴（10%），竞业限制条款需列明竞品公司清单及违约金计算公式（上年度总收入的 2 倍）。使用脚注形式对“客观情况重大变化”等法条进行白话解释，禁用“按公司规定”等模糊表述。

岗位说明书（财务经理）

你作为集团组织发展总监，需为上市公司重构财务经理岗位说明书。关键要素包括：1. 岗位直接向 CFO 汇报并虚线管理海外子公司财务主管；2. 硬性条件为持有 CPA 证书且具备 SAP FICO 模块实施经验；3. 核心职责涵盖从月度关账流程优化（要求每月 5 日前完成合并报表）到战略预算模型搭建（支撑 50 亿元规模的产能扩张决策）；4. 明确要求建立面向存货跌价准备的 AI 预警系统（准确率≥ 90%）；5. 考核由基础操作指标（如税务申报零差错）和创新项目（如资金池节约财务费用金额）构成；6. 使用专业表述，如“外汇风险敞口对冲方案设计”“递延所得税资产确认规则”。

企业文化（金融科技集团）

作为主导过 3 家独角兽企业文化落地的 OD 总监，你需要为并购重组后的金融科技集团编制新版文化手册。手册需包含客户服务“三不原则”（不推诿、不欺瞒、不拖延）、文化积分兑换规则（累计 100 分可兑换带薪假期）、文化冲突处理流程（24 小时响应机制）。采用“价值观故事集”形式，每个条款附加真实案例（如客服超额赔付赢得大客户），禁用超过 20 字的抽象表述。

薪酬福利（科技公司）

你作为薪酬福利经理，需设计科技公司全员薪酬方案。方案的要素包括：1. 基准薪资对标美世报告的 P75 分位（算法岗位薪资上浮 15%）；2. 设立专利拍卖分成机制（职务发明收益的 20% 即时发放）；3. 技术序列增设技能津贴（如精通 CUDA 编程月补 3000 元）；4. 使用区块链发放奖金（员工可实时查看部门奖金池余额）；5. 福利自选平台含基因检测套餐（年度预算 8000 点可兑换硅谷参访名额）。

团建方案（研发中心）

你作为员工体验主管，需策划研发中心年度团建活动。要求：1.“代码破译”主题定向越野（沿途设置 QR 码触发技术难题）；2. 晚宴植入文化梗（如用 Kafka 命名餐桌，菜品对应系统架构组件）；3. 设置技术公益环节（为乡村学校搭建物联网气象站）；4. 安全预案包含防中暑三级响应机制（体温监测频率每小时 1 次）；5. 成本控制精确到人均 800 元（交通占比≤ 30%，餐饮禁用进口食材）。

6.8 职业发展

职业发展是指个体在职业生涯中通过知识积累、技能提升、经验拓展以及职位晋升等方式，实现自我价值与职业目标的一个动态过程。其本质在于个人能力与社会需求的持续匹配与调整。随着人工智能时代的到来，职业发展正经历着前所未有的深刻变革。技术更新的节奏不断加快，技能体系被迫重构，传统岗位中重复性工作的比例逐渐减少，而数据分析、AI运维等新兴领域则创造出大量复合型岗位。这些岗位不仅要求专业技术，更强调“人机协作”的能力，这是每个职场人都需要面对的新挑战。

这里我们整理了职业发展通用提示词模板，并通过职业规划、求职信、求职简历、面试模拟4个应用场景，展示了该模板的应用方法。熟练掌握并灵活运用该模板，将显著提升个人竞争力，加速职业发展。

职业发展通用提示词模板

定角色：[指导者身份]（需具备[相关领域]经验，擅长[核心技能]）
定背景：面向[用户群体]的[具体场景]需求，需在[时间/资源限制]内完成
定目标：达成[核心成果]，提升[用户能力维度]，解决[具体痛点]
定方法：运用[方法论/工具]构建[执行框架]，融合[行业特征]，采用[技术手段]增强效果
定结构：按[阶段划分]推进，包含[关键环节]，[核心内容]占比不少于[比例]
定基调：使用[表达风格]呈现，保持[专业度/亲和力]平衡，[数据/案例]占比控制在[比例]

职业规划（教育行业运营）

你作为资深生涯规划师，正在为教育行业运营人员制定五年发展报告。首先通过霍兰德测评确定其社会型特质，再结合教育科技行业薪资数据（年均增长12%），设计三条路径：1. 教育产品经理（需补充Axure技能）；2. 在线教育创业（建议先积累行业资源）；3. 转岗用户增长（需学习数据分析）。报告包含SWOT分析矩阵，重点警示政策风险对路径二的影响，每季度设置里程碑（如2024年三季前完成PMP认证）。

求职信（管培生）

你曾在快消行业任 HR 经理，需指导应届生申请宝洁公司管培生。要求求职信开头用“让每个创意都带来商业价值”的个性化宣言，重点描述校园经历（如组织 500 人校园路演活动，吸引 3 家品牌赞助）。在岗位理解部分体现对“Z 世代”消费趋势的洞察，结尾附上为宝洁某产品设计的社交媒体传播脑图二维码。

求职简历（新媒体运营）

你作为资深转型简历顾问，正在帮助有 3 年 K12 教培经验的老师转岗至新媒体运营领域。需在简历顶部突出“教育场景用户洞察专家”的定位，将带班经历转化为数据化运营案例。例如，把“组织线上家长会”改写为“策划 12 期线上家长训练营，内容触达 5000 余人次，社群续费率 85%。技术能力板块展示新习得的 GA 数据分析、135 编辑器排版等技能，用■■■□□符号标注掌握度。项目部分重点描述寒假期间发起的“学习打卡”活动：通过裂变机制 7 天新增 12 个微信群，转化 398 个试听学员，并附作品集二维码展示实操案例。排版使用蓝色标题突出关键转型节点，每个模块用箭头符号引导阅读路径，确保教育经验与新媒体岗位要求形成强关联。

面试模拟

你作为基于行为面试法的考官，正在设计咨询公司的案例面试流程。流程包括：1. 用“未来三年云计算市场增速预测”等快问快答破冰；2. 提供矛盾数据集（如用户增长但收入下降），要求 5 分钟内分析；3. 模拟客户突然要求砍掉 50% 预算的压力情景；4. 通过“如果任选三个行业进行投资”等问题考察面试者的商业敏感度。每轮设置干扰信息（如无关财务数据），反馈时具体指出框架缺失点。

6.9 自媒体运营

在数字化时代快速发展的当下，自媒体运营已成为个人和组织传播价值、塑造品牌的重要途径。而 AI 技术的出现，深刻改变了自媒体运营生态。例如，在内容创作方面，AI 写作工具可以辅助进行选题策划，视频自动剪辑技术降低了视频创作门槛，虚拟数字人主播突破了真人出镜的限制。在流量分发方面，平台算法通过深度学习用户偏好，实现内容与受众的精准匹配。这就要求运营者深入理解算法逻辑，从而提升内容的曝光度。在未来，AI 技术将进一步推动自媒体运营模式的创新，成为数字化时代不可或缺的重要驱动力。

这里我们整理了自媒体运营通用提示词模板，并通过爆款选题、口播文案、短视频脚本、小红书文案、付费投流策略 5 个应用场景，展示了该模板的应用方法。熟练掌握并灵活运用该模板，将显著提升运营能力和品牌影响力。

自媒体运营通用提示词模板

定角色： 自媒体运营专家（需具备 [运营年限] 经验，擅长 [内容类型]，代表作数据为 [播放量 / 转化率]）

定背景： 面向 [目标人群] 的 [平台类型] 账号运营，需在 [更新频率] 下保持 [内容质量]，核心方向为 [账号定位]

定目标： 实现 [运营指标]（如涨粉、转化、互动），强化 [账号人设] 的 [记忆点]，提升 [内容关键词] 的搜索占比

定方法： 通过 [选题策略] 挖掘 [用户痛点]，结合 [形式创新] 增强完播率，利用 [数据工具] 优化发布时间

定结构： 按 [内容模块] 分层（如痛点引入—解决方案—行动引导），设置 [“钩子” 密度]（如每 10 秒埋 “梗” ），关键信息重复 [频次]

定基调： 采用 [语言风格] 建立信任感，保持 [情绪浓度] 匹配 [用户场景]，[专业术语] 占比不超过 [比例]

爆款选题（都市白领账号）

你是一位专注女性职场赛道的短视频运营专家，需结合三八节热点，为 25~35 岁都市白领账号策划 3 条爆款选题。要求选题直击 “职场性别偏见” 痛点，采用 “显性现象 + 隐性情绪 + 解决方案” 结构。例如，从 “女领导被骂情绪化” 事件切入，引用职场性别相关报告中 “女性晋升需多付出 200% 努力” 的数据；讲述 “95 后” 女生从被质疑到创业成功的真实故事，植入 “打破偏见三步骤” 干货；结尾抛出 “你遭遇过哪些职场偏见” 互动话题，引导用户带话题词转发。语言风格犀利有力，每 30 秒插入灵魂拷问式字幕（如 “凭什么要求女性完美？” ），禁用温和中立表述。

口播文案（羽绒服）

作为羽绒服直播带货文案专家，面向下沉市场中年用户撰写 90 秒高转化率的口播稿。开场用“北方零下 20℃哈气成冰，南方湿冷入骨”构建场景痛点，演示 90% 白鸭绒充绒量与石墨烯锁温技术。采用 FAB 法则：强调防钻绒面料的抗撕裂特征，对比普通羽绒服保暖优势，突出“工地干活不怕勾丝”的利益点。设置价格“三明治”话术——吊牌价 599 元，直播间直降 300 元，前 10 单赠发热背心。每 15 秒插入“想要赠品的家人们公屏扣 1”互动指令，结尾用“还剩最后 50 件！三二一改价！”制造紧迫感，适当加入“这袄子穿着得劲儿”等方言词汇。

短视频脚本（家政）

作为家政类目短视频编导，需为 25~40 岁家庭主妇设计 30 秒高转化率的脚本。开场 3 秒用 4K 微距镜头展示马桶顽固水垢，突然倒入蓝色清洁剂产生沸腾反应的视觉奇观。7 秒产品展示环节采用环绕运镜，特写瓶身上的“母婴可用”标识，叠加“72 小时抑菌”动态弹幕。15 秒对比实验：左侧为使用本产品后水垢溶解过程（10 倍速播放），右侧为竞品残留明显水渍。结尾 5 秒设置“截图当前画面测 pH 值，抽 3 人免单”互动指令。背景音乐使用加速版《卡农》营造紧迫感，所有字幕加粗阴影处理，禁用超过 10 字的长句子。

小红书文案（香薰）

你需要为轻奢香薰品牌撰写小红书爆款文案，目标用户是一线城市的 25~35 岁白领女性。封面采用俯拍视角：电脑包 + 钥匙串 + 晶石香薰的构图，标题“月薪 3W 总监的深夜疗愈法”。正文开头描述“加班到 10 点推开门，闻到白茶香瞬间放松”的场景，插入香调解析图（前调佛手柑，中调白牡丹，尾调雪松）。教学部分演示 45° 斜放扩香石，提升挥发效率，配 3 张不同房间的摆拍图。文末设置“评论区暗号‘疗愈’领专属折扣”。要求每段用 emoji 分隔，自然植入“闺蜜生日礼物首选”等社交属性词，标签组合兼顾流量词（# 生活仪式感）与精准词（# 小众香薰）。

付费投流策略（教育产品）

作为教育类直播间投流专家，需制定日预算 5000 元的千川投放策略。冷启动期采用通投拉新策略：定向 18~23 岁学生群体，同时投放 3 套差异化创意（口播视频 + 图文拆解 + 直播间切片）进行 AB 测试。当单条创意消耗达 500 元时，转入成长期：对完播 70% 以上用户进行行为重定向，叠加课程目录页转化目标，出价提高 20%。爆发期选取 GMV 超 500 元订单人群建立相似模型，采用 OCPA 出价方式，设置"直播间停留≥ 1 分钟"深度转化目标。每 4 小时更新素材（如讲师金句剪辑、学员证言视频、限时优惠弹窗），确保相同素材 24 小时内不重复曝光。

6.10 理财规划

理财规划是指个人或家庭基于生命周期理论，通过系统性评估财务状况、风险偏好及长期目标，科学合理地配置金融与非金融的资产，最终实现财富稳健增值、风险有效控制以及跨期消费平衡的动态管理过程。

对于个人而言，理财规划不仅是积累财富的重要手段，也是一个涉及风险管理的关键决策过程。在这个过程中，AI 技术的应用将显著提升资产配置的效率，并为金融决策提供了更智能、更科学的支持。AI 技术不仅加速了数据分析和处理的速度，还能够基于复杂算法提供定制化的建议，极大地增强了理财规划的精确性和可行性，为实现个人财务目标注入了新的动力与无限可能。

这里我们整理了理财规划通用提示词模板，并通过家庭资产配置、保险规划、养老规划 3 个应用场景展示了该模板的具体应用方法。熟练掌握并灵活运用该模板，有助于个人或家庭更加科学地进行财务规划，实现资产的合理布局与风险的有效管理。

理财规划通用提示词模板

定角色：[理财顾问类型]（需具备 [资质认证]+[从业年限] 经验，擅长 [细分领域]）
定背景：面向 [用户类型] 的 [规划场景] 服务，涉及 [资产规模 / 负债情况 / 收支结构] 数据
定目标：实现 [短期 / 中期 / 长期目标]，达成 [收益预期 / 风险控制 / 税务优化] 平衡
定方法：运用 [分析工具] 建立 [评估模型]，采用 [配置策略] 结合 [市场趋势]
定结构：按 [步骤逻辑] 推进，包含 [现状诊断、需求确认、方案制定、动态调整 4 个阶段]
定基调：使用 [文档风格] 呈现，[专业术语] 解释需附案例说明

家庭资产配置

你是一位持有 CFP 认证的资深家庭理财顾问，具备 10 年中产家庭服务经验。现需为年收入 35 万元的双职工家庭制定资产配置方案。该家庭现有存款 50 万元、房贷余额 120 万元，亟需填补子女教育金缺口。要求 3 年内建立教育、养老、应急储备账户，实现年化收益≥ 6% 且风险等级≤ R3。采用四账户模型进行配置：货币基金（20% 用于日常支出）、纯债基金（30% 作为安全垫）、指数增强基金（40% 获取超额收益）、黄金 ETF（10% 对冲通胀）。方案需包含资产负债表诊断、风险测评、季度再平衡机制，用可视化仪表盘展示数据，每部分附 200 字以内的白话解读，避免使用期权期货等复杂工具。

保险规划

你是一位持有 LOMA 认证的保险规划师，具备 8 年服务高净值客户经验。现需为年收入 200 万元的企业主家庭设计保险方案。该家庭持有两套房产（贷款余额 300 万元），需防范企业经营风险连带责任。要求建立保额 2000 万元的风险对冲体系（覆盖债务 + 子女教育 + 配偶养老），年保费控制在 30 万元以内。采用“双十”原则确定保额与保费比例，组合配置定期寿险（500 万元保额）、重疾险（100 万元“含二次”赔付）、高端医疗险（私立医院全覆盖）、意外险（200 万元航空专项）。方案需包含企业连带责任风险评估、保费自动增长机制，用饼状图展示险种配比，附加企业破产情境下的理赔模拟案例，禁用返还型保险产品。

养老规划

你是一位有 CFA 认证的养老规划专家，需为 45 岁企业高管制定退休方案。客户当前月支出 3 万元，计划 55 岁退休并维持 70% 生活水平（折合现值 800 万元），要求抗通胀年收益≥ 4%，预留医疗备用金 50 万元。采用生命周期投资法动态调整资产配置：45~50 岁配置 60% 股票指数基金 +40% 信用债，51~55 岁调整为 40% 红利股 +60% 利率债，退休后转为固定收入 + 组合收入（波动率≤ 5%）。方案需包含社保替代率测算、医疗专项账户（货币基金 + 重疾险），用折现现金流表展示 3% 与 5% 通胀率下的资金缺口。

6.11 心理情感

心理情感是人类对内外刺激产生的复杂心理反应，具有主观性、动态变化的特性，并与生物学和社会环境紧密相关。它不仅影响个人行为的选择和调控，也是维持人际关系的重要纽带。随着 AI 技术的迅猛发展，这一领域正经历着深刻的变革。一方面，AI 技术可以通过情绪识别与交互，为心理健康评估、情感教育以及情绪支持提供新的可能。这里我们整理了心理情感通用提示词模板，并通过压力疏导、情感咨询、人际关系调解、正念训练 4 个应用场景，展示了该模板的应用方法。掌握并灵活运用该模板，可大幅提升心理情感分析干预效能，助力专业人士实现更加个性化、智能化的心理健康服务。

心理情感通用提示词模板

定角色：[咨询师类型]（需具备 [资质认证] 及 [领域专长]，擅长 [干预技术]）
定背景：面向 [目标人群] 的 [问题类型] 咨询，需在 [时长限制] 内完成，核心诉求为 [核心需求]
定目标：达成 [短期 / 长期改善目标]，提升 [心理维度] 的 [能力指标]，实现 [行为改变]
定方法：运用 [理论流派] 设计 [干预流程]，整合 [工具 / 技术]，采用 [评估方式] 监测进展

定结构：按 [阶段划分] 推进，包含 [关键环节]，[技能练习] 占比不少于 [比例]
定基调：使用 [沟通风格] 建立信任，保持 [情感支持] 的 [氛围基调]，[专业术语] 占比控制在 [比例]

压力疏导

你是一名拥有国家二级心理咨询师资质、专注职场压力管理领域的专家，需为因工作负荷过载产生焦虑的 30~45 岁职场人士提供 50 分钟在线咨询。运用 CBT 技术引导来访者完成压力日记追踪，首先通过 1~10 分自评量表量化压力水平，接着用 OH 卡探索潜意识压力源，随后指导渐进式肌肉放松训练，重点识别肩颈紧绷等生理信号。在认知重构环节使用思维记录表挑战"我必须完美"等核心信念，最后共同设计如"午间 5 分钟深呼吸"的行为实验。对话中每 10 分钟需总结关键进展（例如，"刚才我们发现了 3 个主要压力触发点"），避免使用专业术语，以"下班后尝试这个小动作"等生活化表达建立信任。

情感咨询

你是一名持有 EFT 情绪聚焦疗法认证的资深婚姻家庭治疗师，需帮助因情感需求错位陷入婚姻危机的 25~40 岁夫妻完成 90 分钟咨询。首先通过绘制原生家庭互动图谱（例如，"请描述父母处理冲突的方式"），揭示代际关系模式对当前矛盾的影响。接着使用情感温度计工具，让双方用红蓝贴纸标注"最渴望被满足的 3 项需求"（如陪伴质量、肯定频率等）。在空椅子技术环节，引导伴侣互换身份重演上周争吵场景，重点觉察非语言信号（如逃避眼神、握拳动作）。最后基于依恋类型测评结果，设计包含"睡前 3 分钟感恩分享"的具体修复方案。对话中需使用"我们可以试试这样表达"替代指责性语言，每 20 分钟给予 1 次关系优势反馈（例如，"你们在共同目标部分有高度一致性"）。

人际关系调解

你是一名精通团体动力学的人际关系调解专家，需为因权力斗争陷入僵局的 8 人学生社团开展一个 120 分钟的干预活动。首先指导成员用不同颜色的丝带编织社会计量图（红色代表冲突关系，绿色代表支持关系），通过调整成员间的物理距离直观呈现团体内部的张力情况。接着运用团体雕塑技术，让成员用身体姿势定格“项目失败那天的场景”，重点捕捉低头蜷缩等防御姿态。在角色互换环节，随机分发任务卡（如临时社长、财务监督员），要求新小组在20分钟内完成协作挑战（如用报纸搭塔）。最后将包含“轮流主持制度”“冲突冷却期”等条款的团体公约密封入“时间胶囊”，约定3个月后重启。干预过程中需用中性语言描述行为模式（例如，“有人选择后退两步”），每30分钟进行1次团体温度检测（1~10分，举手评分）。

正念训练

作为正念减压认证导师，我将为高压人群设计21天线上正念计划，依托生物反馈手环实时监测生理指标。每日课程采用四阶结构：前3分钟用“海浪呼吸法”（吸气如同浪涌至胸腔，呼气则如退潮般放松腹部）建立专注基线；10分钟用“树根扫描法”，从足底向上逐层释放肌肉张力，配合手环的肌电数据可视化功能练习；5分钟用“山峦观察法”，引导学员用RAIN技术解离情绪（Recognize识别——“这片云是什么情绪”、Allow允许——“风会带它掠过山脊”、Investigate探究——“云朵边缘的光影变化”、Non-identification解离——“山体始终稳固”）；最后2分钟设置触觉锚点（如给计算机的回车键贴上纹理贴纸），将正念反应嵌入工作流程。课程全程语速为98字/分钟，每120秒穿插3秒风铃过渡音，第7、14、21天根据手环监测的皮质醇数据动态调整意象强度，确保神经内分泌指标达到15%的改善目标。

…

本章重点探讨DeepSeek在多场景应用中的广泛实践，结合多个行业的典型应用场景，基于六定模型提供提示词模板与实践案例，旨在助力用户快速实现生产力提升。具体而言，针对文学创作、学术研究、办公效率、教育教学、商业服务、人力资源、职业发展、自媒体运营、理财规划以及心理情感10个场景，本章分别提供了通用提示词模板与应用场景案例，以深化用户对DeepSeek提示词的理解与应用效率。DeepSeek在各类场景中的深度融合，标志着人工智能与行业需求的结合日益紧密，并为未来开拓更多新场景与优化应用效能提供了可能性。这一趋势还将进一步改变人们的工作与生活方式，推动社会迈向智能化发展的新高度。

… **本章小结**